David T. Davies

Aromatische Heterocyclen

VCH

Basistexte Chemie

1 D. T. Davies, Aromatische Heterocyclen

2 M. Sainsbury, Aromatenchemie

3 L. M. Harwood, Polare Umlagerungen

4 C. J. Moody, G. H. Whitham, Reaktive Zwischenstufen

5 S. E. Thomas, Bor- und Siliciumverbindungen in der Organischen Synthese

6 J. Jones, Synthese von Aminosäuren und Peptiden

7 P. R. Jenkins, Metallorganische Reagentien in der Organischen Synthese

8 R. A. Henderson, Reaktionsmechanismen von Übergangsmetallverbindungen

Vertrieb:
VCH, Postfach 10 11 61, D-69451 Weinheim (Bundesrepublik Deutschland)
Schweiz: VCH, Postfach, CH-4020 Basel (Schweiz)
United Kingdom und Irland: VCH (UK) Ltd., 8 Wellington Court, Cambridge CB1 1HZ (England)
USA und Canada: VCH, 220 East 23rd Street, New York, NY 10010-4606 (USA)
Japan: VCH, Eikow Building, 10-9 Hongo 1-chome, Bunkyo-ku, Tokyo 113 (Japan)

ISBN 3-527-29289-6 ISSN 0947-885X

1 **Basistext Chemie**

David T. Davies

Aromatische Heterocyclen

übersetzt von Kathrin-M. Roy

herausgegeben von Stephen G. Davies, Richard G. Compton und John Evans

Autor, Reihenherausgeber und Verlag bedanken sich bei der ZENECA Ltd. für die großzügige Unterstützung bei der Entwicklung dieser Buchreihe.

VCH Weinheim • New York • Basel • Cambridge • Tokyo

This translation of Aromatic Heterocyclic Chemistry originally published in English in 1992 is published by arrangement with Oxford University Press.

Titel der Originalausgabe: Aromatic Heterocyclic Chemistry.
erschienen im Verlag Oxford University Press

Dr. David T. Davies
SmithKline Beecham Pharmaceuticals
Harlow, Essex
England

Lektorat: Dr. Thomas Mager
Übersetzer: Dr. Kathrin-M. Roy
Herstellerische Betreuung: Dipl.-Ing. (FH) Hans Jörg Maier

Die Deutsche Bibliothek - CIP-Einheitsaufnahme
Davis, David T.:
Aromatische Heterocyclen / David T. Davies. Übers. von Kathrin-M. Roy.
Hrsg. von Stephen G. Davies ... - Weinheim ; New York ; Basel ; Cambridge ; Tokyo : VCH, 1995
(Basistext ; 1)
Einheitssacht.: Aromatic heterocyclic chemistry <dt.>
ISBN 3-527-29289-6
NE: GT

Satz: Graphik & Text Studio Dr. Wolfgang Zettlmeier - Hubert Kammerer, D-93164 Laaber-Waldetzenberg. Druck: Strauss Offsetdruck GmbH, D-69509 Mörlenbach. Bindung: Wilhelm Osswald & Co., D-67433 Neustadt. Umschlaggestaltung: WSP Design, D-69120 Heidelberg.
Printed in the Federal Republic of Germany.

Diese Reihe wurde unterstützt von

ZENECA

Für Julie

Vorwort des Herausgebers dieser Reihe

Die Chemie der aromatischen Heterocyclen ist ein riesiges, komplexes Fachgebiet, das sowohl industriell als auch naturwissenschaftlich große Bedeutung hat. Zahlreiche Moleküle der belebten Natur sind Derivate aromatischer Heterocyclen, und viele wichtige Pharmaka und Pflanzenschutzmittel basieren auf diesen Verbindungen. Die Bedeutung der Chemie aromatischer Heterocyclen führte daher zu ungezählten synthetischen und theoretischen Arbeiten auf diesem Gebiet.
Die Oxford Chemistry Primers sind als kurze Einführungen gedacht, die für alle Studenten der Chemie relevant sind und nur den wichtigsten Stoff enthalten, der in 8–10 Vorlesungen behandelt werden würde. In diesem Buch gibt David Davies eine ausgezeichnete Einführung in die Chemie aromatischer Heterocyclen, die jeden Leser dazu anregen sollte, sich mit diesem umfangreichen Thema weiterzubeschäftigen. Dieses Buch ist für Anfänger ebenso wie für fortgeschrittene Chemiker von Interesse.

Stephen G. Davies
The Dyson Perrins Laboratory, University of Oxford

Vorwort des Autors

Die Chemie der Heterocyclen ist ein so umfangreiches Wissensgebiet, daß es auf den ersten Blick unmöglich erscheint, ihm in einem Leitfaden dieser Größe gerecht zu werden. Ziel dieses Buches ist es, nur die wesentlichen Merkmale der wichtigeren Ringsysteme vorzustellen. Viele Reaktionsmechanismen werden detailliert behandelt und mehrere vollständige Synthesen von Heterocyclen beschrieben. Ich hoffe, daß der Leser dieses Buch interessant und aufschlußreich findet und daß es als Grundlage für weitere Studien auf diesem faszinierenden Gebiet dient.
Meinen Freunden und Kollegen bei SmithKline Beecham Pharmaceuticals, Angela Gadre, Clare Hayward, Chris Johnson, Helen Morgan und den Gaststudenten Peter Ainsworth und Francis Montgomery möchte ich für hilfreiche Anmerkungen danken. Mein Dank gilt gleichermaßen Prit Shah und Kollegen der Glaxo Group Research. Roger Martin von SmithKline Beecham Pharmaceuticals bin ich für die Hilfe mit dem Zeichenprogramm für chemische Strukturformeln, Professor Gurnos Jones für verschiedene hilfreiche Kommentare zu Dank verpflichtet. Schließlich möchte ich dem Herausgeber dieser Reihe, Steve Davies, für seinen Rat und die Unterstützung ebenso danken wie dafür, daß er einen Wissenschaftler aus der Industrie als Verfasser für ein Lehrbuchs akzeptierte.

Harlow D.T.D
Juni 1991

Inhalt

1 Einleitung

1.1 Heterocyclenchemie

Die Chemie der Heterocyclen ist ein großer und bedeutender Zweig der Organischen Chemie. In der Natur kommen Heterocyclen beispielsweise in Nucleinsäuren (siehe Kapitel 10) und Indolalkaloiden (siehe Kapitel 7) vor. Synthetische Heterocyclen finden als Herbizide (z.B. **1.1**), Fungizide (z.B. **1.2**), Insektizide (z.B. **1.3**), Farbstoffe (z.B. **1.4**), organische Leiter (z.B. **1.5**) und natürlich als pharmazeutische Produkte wie das Ulcusmittel **1.6** breite Anwendung.

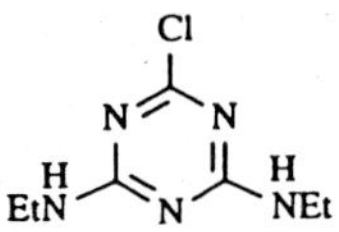

1.1

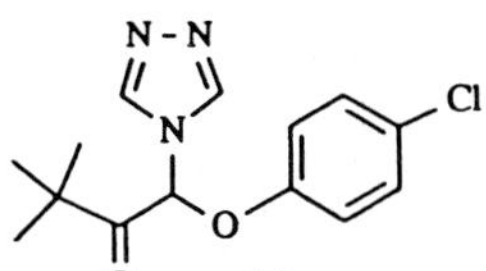

1.2

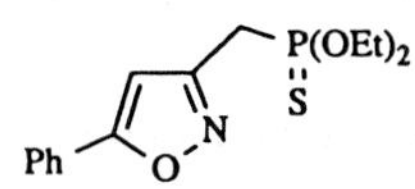

1.3

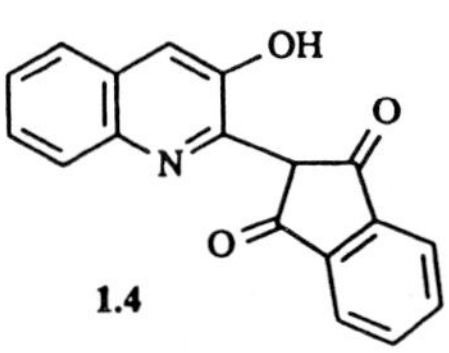

1.4

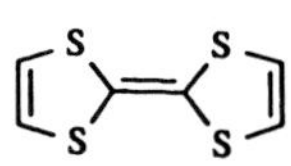

1.5

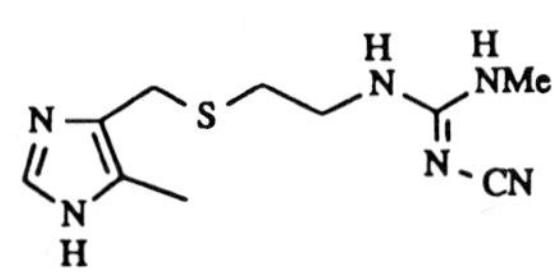

1.6

1.2 Aromatizität und Heteroaromatizität

Das Numerierungssystem der Verbindungen in diesem Kapitel ist nicht so willkürlich wie es vielleicht scheint. Zu Verbindung **5.1** vgl. Kapitel 5, usw.

Jedes Ringsystem mit mindestens einem Heteroatom (d.h. einem anderen Atom als Kohlenstoff – typischerweise Stickstoff, Sauerstoff oder Schwefel) kann als heterocyclisch bezeichnet werden. Diese weitreichende Definition umfaßt sowohl aromatische Heterocyclen (z.B. Pyridin **5.1**) als auch ihre nichtaromatischen Analoga (Piperidin **1.7**).

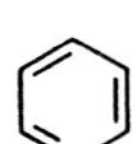

5.1

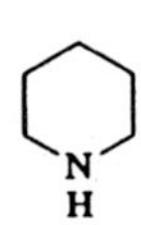

1.7

Aromatische Heterocyclen werden als heteroaromatisch bezeichnet, diese Systeme behandelt das vorliegende Buch auf Kosten der mehr gesättigten Verbindungen. Betrachten wir zunächst den Begriff der Aromatizität im Hinblick auf Benzol.

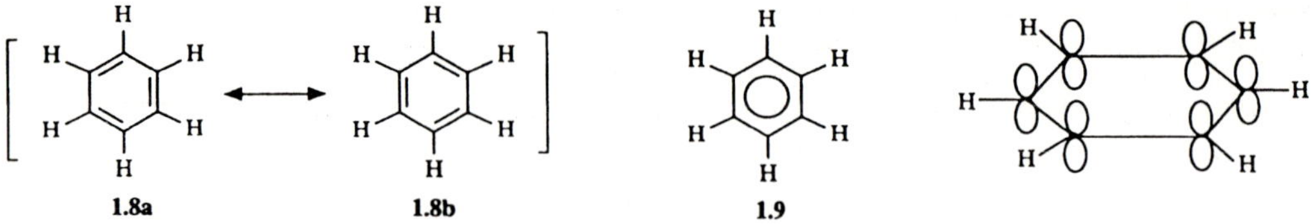

1.8a **1.8b** **1.9**

Im Benzol sind die Kohlenstoffatome sp^2-hybridisiert und befinden sich mit den Wasserstoffatomen in einer Ebene. Die übrigen sechs *p*-Orbitale stehen rechtwinklig zur Ringebene und enthalten sechs π-Elektronen. Benzol erfüllt die Hückelbedingungen für Aromatizität, wonach bei cyclischen Polyenen mit $(4n+2)$ π-Elektronen (in diesem Fall ist $n=1$) besetzte *p*-Orbitale überlappen können.

Obwohl für Benzol zwei mesomere Darstellungen **1.8a,b** gezeichnet werden können, bedeuten diese *nicht* zwei rasch ineinander umwandelbare Formen. Die sechs π-Elektronen sind vielmehr in Molekülorbitalen delokalisiert, so daß ober- und unterhalb der Ringebene eine kreisförmige Elektronenwolke entsteht. Benzol läßt sich auch durch die Struktur **1.9** darstellen, bei der die cyclische Elektronenanordnung hervorgehoben wird. In Übereinstimmung mit dieser Theorie sind alle C–C-Bindungsabstände gleich (0.14 nm), ihr Wert liegt zwischen dem einer Einzel- (0.154 nm) und dem einer Doppelbindung (0.133 nm). Die zusätzliche thermodynamische Stabilisierung, die diese Elektronendelokalisation dem Benzol verleiht, wird „Resonanz“ genannt und läßt sich indirekt bestimmen. Tatsächlich ist das delokalisierte Benzol thermodynamisch um etwa 150 kJ mol^{-1} stabiler als ein theoretisches Cyclohexatrien-Molekül (z.B. die nichtdelokalisierte Struktur **1.8a**).

Wie läßt sich nun diese Vorstellung von der Aromatizität auf typische Heterocyclen wie Pyridin **5.1** und Pyrrol **2.1** anwenden? Pyridin kann formal aus Benzol durch Austausch einer CH-Gruppierung gegen ein sp^2-hybridisiertes Stickstoffatom erhalten werden. Demzufolge hat Pyridin anstelle des Wasserstoffatoms ein freies Elektronenpaar. Die sechs π-Elektronen sind aber im wesentlichen unverändert, so daß Pyridin ein verhältnismäßig aromatischer Heterocyclus ist.

5.1 **2.1**

Eine Schwierigkeit ergibt sich bei fünfgliedrigen Heterocyclen wie Pyrrol, die auf den ersten Blick nur vier π-Elektronen zu haben scheinen – zwei zuwenig für die $(4n+2)$-Hückelbedingung für Aromatizität. Das Stickstoffatom ist sp^2-hybridisiert und enthält formal ein freies Elektronenpaar im verbleibenden *p*-Orbital rechtwinklig zum Ring. Das System ist aber, wie nachstehend gezeigt, delokalisiert.

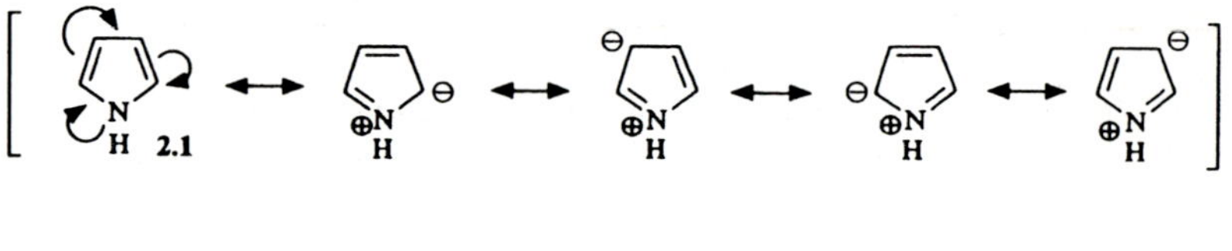

2.1

Auf diese Weise ergänzt die Delokalisation des freien Elektronenpaars am Stickstoff das für die Aromatizität erforderliche Elektronensextett. Diese beiden Beispiele veranschaulichen die Tatsache, daß bestimmte Heterocyclen (nahe Analoga zu Benzol und Naphthalin) wie Pyridin **5.1**, Pyrimidin **10.1** und Chinolin **6.1** „richtig" aromatisch sind, während andere Heterocyclen wie Pyrrol **2.1**, Imidazol **3.2** und Triazol **8.7** die Aromatizität durch Delokalisierung eines freien Elektronenpaars vom Heteroatom „erwerben" müssen.

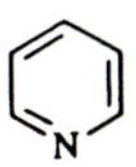

5.1

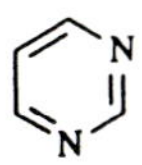

10.1

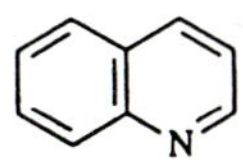

6.1

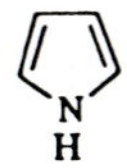

2.1

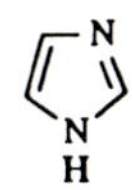

3.2

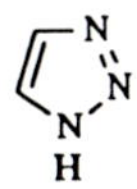

8.7

Welche Schlußfolgerungen ergeben sich aus dieser Vorstellung einer Delokalisierung des freien Elektronenpaars für eine Reihe verwandter Heterocyclen wie Pyrrol **2.1**, Thiophen **2.2** und Furan **2.3**? Da mit der Delokalisation ein Elektronenverlust am betreffenden Heteroatom verbunden ist, ändert sich das Ausmaß der Delokalisierung (und damit die Aromatizität) mit der Elektronegativität des Heteroatoms. Das hochelektronegative Sauerstoffatom in Furan hält die Elektronendichte stärker fest als das Heteroatom in Thiophen oder Pyrrol. Für Furan wird allgemein eine nichtaromatische Elektronenverteilung angenommen, die der Struktur **2.3** sehr nahe kommt.

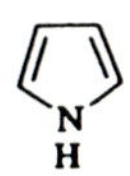

2.1

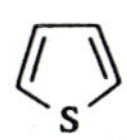

2.2

2.3

Ein Überblick über den Begriff der heterocyclischen Aromatizität findet sich bei Katritzky *et al.* (1991).

Tatsächlich war die mühevolle Aufgabe, festzustellen, wie aromatisch ein bestimmter Heterocyclus oder eine Reihe von Heterocyclen ist, einige Zeit eine Hauptbeschäftigung für physikalisch-organisch tätige Chemiker. Bindungslängen, Verbrennungswärmen, spektroskopische Daten und theoretisch berechnete Resonanzenergien wurden herangezogen, aber ein absolutes Maß für die Aromatizität ließ sich nicht definieren. Dennoch werden auftretende Tendenzen im Hinblick auf eine relative Aromatizität in diesem Buch erwähnt.

1.3 Synthese von Heterocyclen

Für die Hauptheterocyclen gibt es eine Reihe Synthesen, die sich häufig dadurch ergänzen, daß sie unterschiedliche Substitutionsmuster am Ring ergeben. Die meisten der hier behandelten Synthesemethoden sind geradezu klassisch (einige sogar recht alt!), viele Einzelbeispiele dagegen ziemlich neu. Viele klassische Synthesen von Heterocyclen drehen sich um die Kondensationsreaktion in ihren verschiedenen Erscheinungsformen. Betrachten wir zunächst den Mechanismus einer einfachen sauer katalysierten Kondensation, der des allgemeinen Ketons **1.10** mit dem Amin **1.11** zum Imin **1.12**.

Die Protonierung des Carbonylsauerstoffatoms aktiviert das Keton gegenüber einem nucleophilen Angriff durch das Amin. Durch Abspaltung des Protons aus **1.13** entsteht die neutrale Zwischenstufe **1.14**. Eine zweite Protonierung, ebenfalls am Sauerstoffatom, führt zu **1.15**, aus dem durch Abspaltung eines Moleküls Wasser und eines Protons das

Imin **1.12** gebildet wird. Alle Schritte sind reversibel, in der Praxis lassen sich vollständige Umsetzungen aber dadurch erzwingen, daß Wasser aus dem Gleichgewicht entfernt wird (z.B. durch azeotrope Destillation). Dieser Reaktionstyp tritt im vorliegenden Buch häufig auf, wird aber im folgenden nicht so detailliert dargestellt. Dem Studenten wird dringend geraten, den unten gezeigten Mechanismus wie auch die vielen weiteren Mechanismen mit Bleistift und Papier durchzuarbeiten. Das Vertrautsein mit Reaktionsmechanismen fördert das Verständnis für die Chemie der Heterocyclen und der Organi-

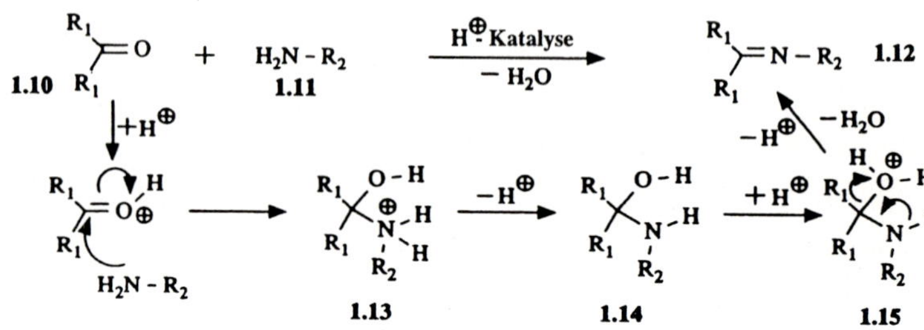

schen Chemie allgemein.

Der Zugang zu einer Synthese über die Bindungstrennung verläuft, ausgehend von einer Zielverbindung, logischerweise im wesentlichen rückwärts (sogenannte Retrosynthese), so daß eine Reihe möglicher Reaktionswege und Ausgangsverbindungen in Frage kommen. Diese Methode wurde hauptsächlich für alicyclische, carbocyclische und gesättigte heterocyclische Systeme verwendet. In diesem Buch werden retrosynthetische Analysen nicht als umfassende Lösung für Syntheseprobleme dargestellt, sondern sollten eher als Hilfe zum Verständnis des eigentlichen Aufbaus ungesättigter Heterocyclen dienen.

Die oben beschriebene Kondensation führt zu einem wichtigen Bindungsbruch. Die in verschiedenen Heterocyclen (allgemeine Formel **1.16**) vorliegende Imin-ähnliche Bindung kann durch Cyclisierung von **1.17**, das eine Amino- und eine Carbonylfunktion

Das Symbol ⇒ bezeichnet eine Bindungstrennung, ein analytischer Vorgang, bei dem eine Struktur in eine geeignete Vorstufe überführt wird.

1.16 **1.17**

enthält, gebildet werden.

Betrachten wir nun die Kondensation von Ammoniak mit dem Ketoester **1.18**. Als Produkt wird nicht das Imin **1.19**, sondern das thermodynamisch stabilere, tautomere Enamin **1.20** mit konjugierten Doppelbindungen und starker intramolekularer Wasserstoffbrückenbindung isoliert. Obwohl **1.20** kein heterocyclisches Beispiel ist, wird deutlich, daß eine Enamin-ähnliche Bindung wie im allgemeinen Heterocyclus **1.21** auch

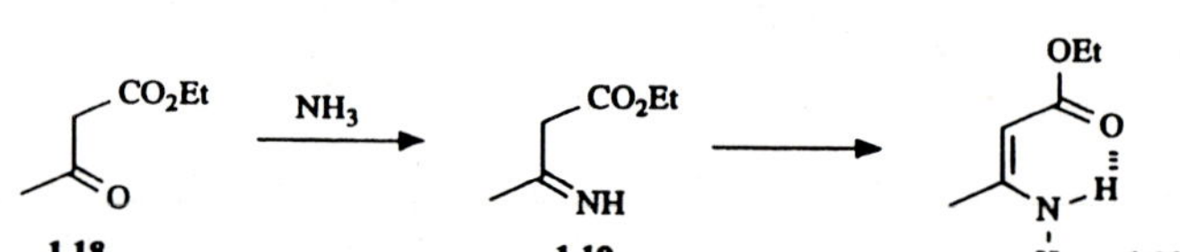

1.18 **1.19** **1.20**

durch eine Kondensation zugänglich ist.

Die retrosynthetische formale Hydrolyse der Kohlenstoff-Stickstoff-Bindung in **1.21** ergibt ein Enol **1.22**, das als stabileres Ketotautomer **1.23** existieren würde. Zu beachten ist, daß bei der hydrolytischen Bindungsaufspaltung das Kohlenstoffatom mit einer Hydroxylgruppe und das Stickstoffatom mit einem Wasserstoffatom verknüpft wird – die Oxidationsstufen von Kohlenstoff und Stickstoff ändern sich nicht.

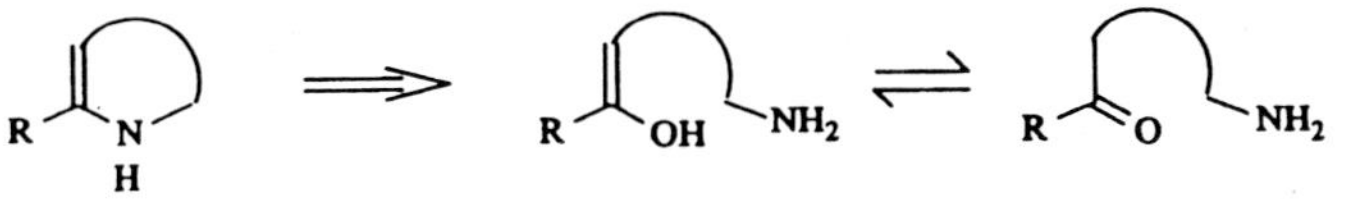

1.21 **1.22** **1.23**

Im Gegensatz zur eingangs besprochenen Bindungstrennung im Imin, die auf stickstoffhaltige Heterocyclen beschränkt ist (mit ein oder zwei speziellen Ausnahmen wie Pyryliumsalzen, siehe Kapitel 9), kann das Heteroatom bei der Spaltung einer Enamin- oder einer Enamin-ähnlichen Bindung zweiwertig sein. Daher ist diese Bindungstrennung auch auf sauerstoff- und schwefelhaltige Heterocyclen anwendbar, wie anhand von **1.24** und **1.25** exemplarisch gezeigt ist.

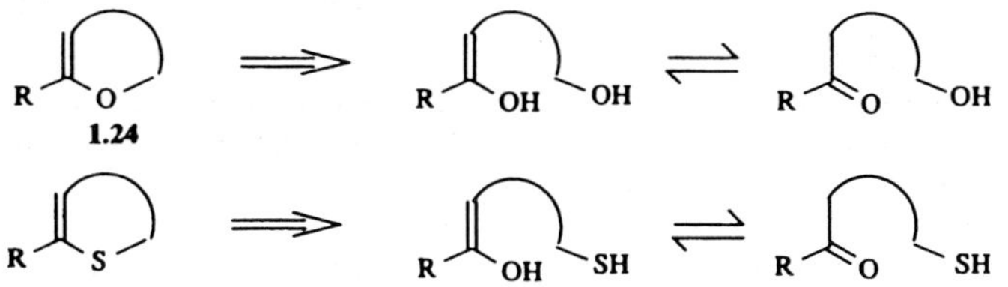

1.24

1.25

Nachfolgend ist diese Methode der Bindungstrennung für die Pyrrolsynthese rationalisiert.

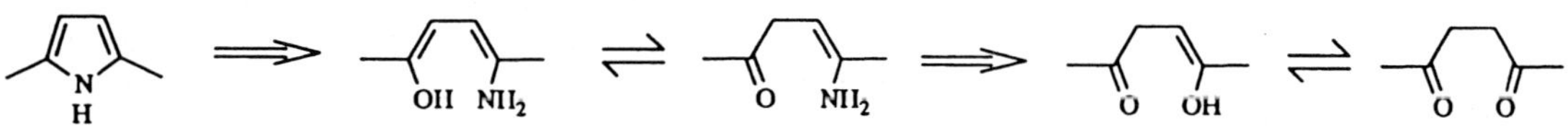

2.16 **1.26**

Die retrosynthetische Analyse deutet auf eine doppelte Kondensation zwischen dem Diketon **1.26** und Ammoniak. Tatsächlich läßt sich das Pyrrol **2.16** auf diese Weise herstellen (siehe Abschnitt 2.2).

Eine weitere Hilfe zum Verständnis der Synthese von Heterocyclen allgemein ist die Tatsache, daß zahlreiche fünf- und sechsgliedrige Heterocyclen aus verschiedenen Kombinationen kleiner acyclischer Moleküle durch Anpassen von sich ergänzenden nucleophilen und elektrophilen Funktionen aufgebaut werden können.

1.26 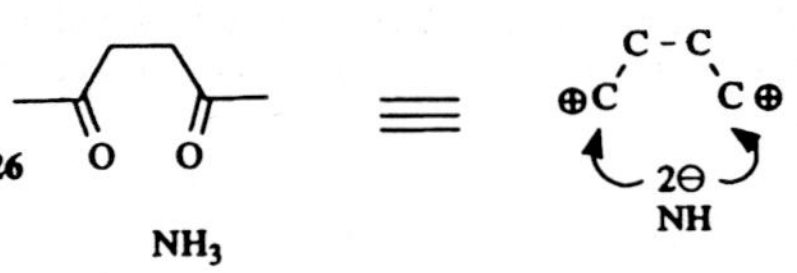

Im Fall der Synthese des Pyrrols **2.16** kann das Diketon **1.26** als bis-elektrophiles 4C-Bruchstück und Ammoniak – in diesem Beispiel – als bis-nucleophiles N-Fragment betrachtet werden. Ammoniak kann nucleophil bis zu drei Bindungen ausbilden.

In diesem speziellen Beispiel führt die Kondensation automatisch zum richtigen Oxidationszustand und ergibt direkt das Pyrrol **2.16**. Bei anderen Cyclisierungen entsteht nicht der richtige Oxidationszustand, und das ungesättigte System muß oxidiert werden, um Aromatizität zu erhalten. So reagieren die Diketone **1.27** mit Ammoniak zu den Dihydropyridinen **1.28**, die sich zu Pyridinen **1.29** oxidieren lassen.

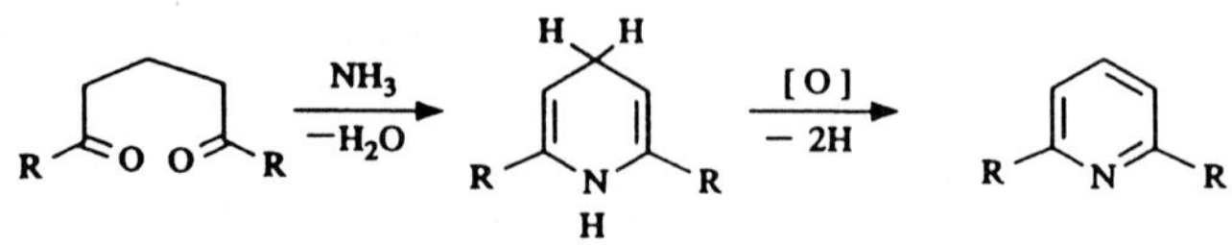

1.27 **1.28** **1.29**

Beispiele für diese Cyclisierungs-/Oxidations-Strategie sind die Synthese des Pyridotriazins **5.32** (Seite 42) sowie die Synthesen von Chinolinen und Isochinolinen (Kapitel 6). Einige Beispiele für nucleophile und elektrophile Bausteine sind in Tabelle 1.1 aufgeführt. Aus dieser Tabelle ergeben sich mehrere Gesichtspunkte.

Betrachten wir acylierende Species wie Säurechloride. Die Acylierung des Diamins **1.30** ergibt zunächst das Amid **1.31**, das einer Kondensation zum Benzimidazol **1.32** unterliegt. Die Carbonylgruppierung wirkt ausschließlich als elektrophiles Zentrum.

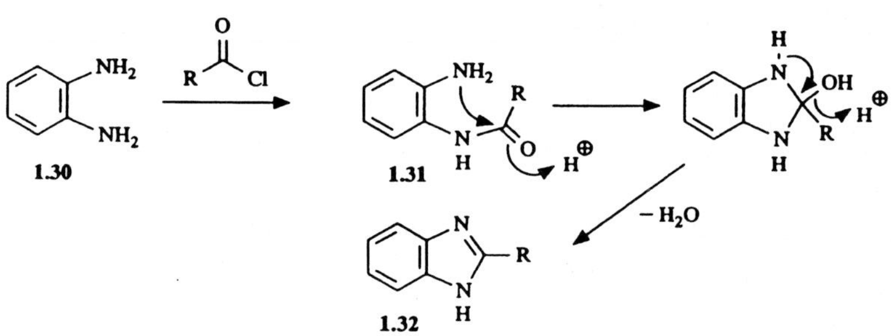

1.30 **1.31** **1.32**

Durch Delokalisierung des freien Elektronenpaars am Stickstoff der Amidbindung (mesomere Strukturen **1.33a,b**) entsteht jedoch ein nucleophiles Sauerstoffatom, das mit Elektrophilen wie angegeben reagieren kann.

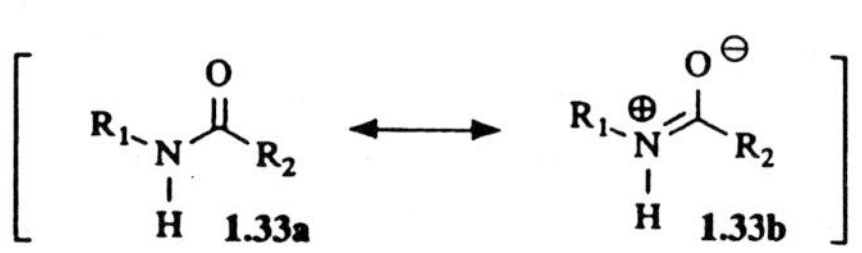

1.33a **1.33b**

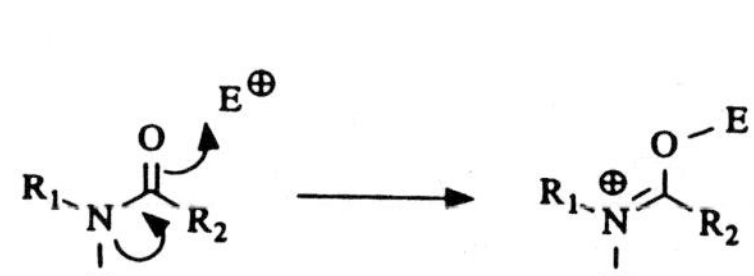

Nucleophile Bausteine **Tabelle 1.1**

Zahl der Ringatome

1 NH_3, H_2O, H_2S *(vgl. Kapitel 2 und 5)*

2 $H_2N{-}NH_2$, $H_2N{-}OH$ *(vgl. Pyrazol- und Isoxazolsynthese, Kapitel 4)*

3 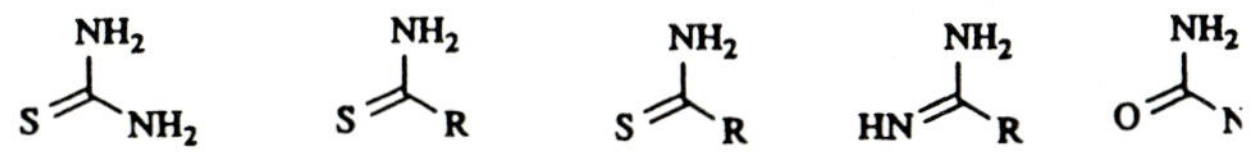

(vgl. Thiazolsynthese, Kapitel 3, und Pyimidinsynthese, Kapitel 10)

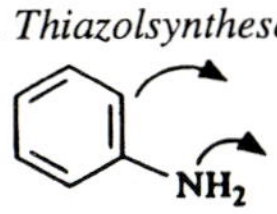 *(vgl. Chinolinsynthese, Kapitel 6)*

4 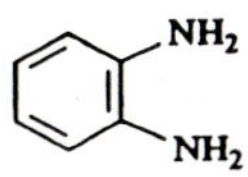 *(vgl. Benzimidazolsynthese, Kapitel 1)*

5 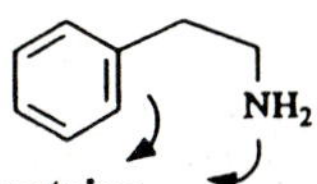 *(vgl. Isochinolinsynthese, Kapitel 6)*

Elektrophile Bausteine

Zahl der Ringatome

1 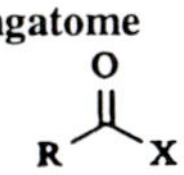 *(X = Abgangsgruppe, z.B. Cl – vgl. Benzimidazolsynthese, Kapitel 1, und Isochinolinsynthese, Kapitel 6)*

2 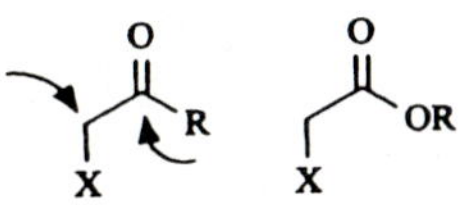 *(vgl. Thiazolsynthese, Kapitel 3)*

3 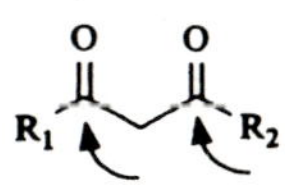 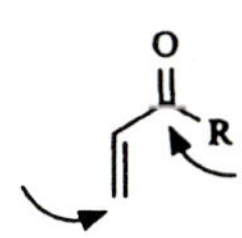 *(vgl. Chinolinsynthese, Kapitel 6)*

R_1, R_2 = Alkyl oder O-Alkyl *(vgl. Pyrazol- und Isoxazolsynthese, Kapitel 4, und Pyrimidinsynthese, Kapitel 10)*

4 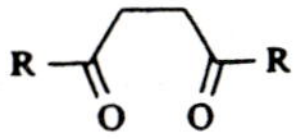 *(vgl. Pyrrol-, Thiophen- und Furansynthese, Kapitel 2)*

Nucleophile / Elektrophile Bausteine

Zahl der Ringatome

2 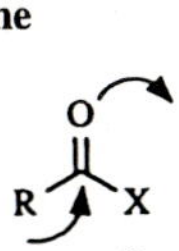 *(vgl. Kapitel 1 und Oxazolsynthese, Kapitel 3)*

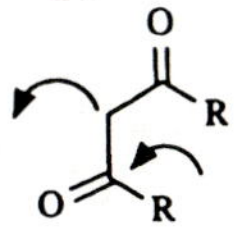 *(vgl. Kapitel 1 und Cumarinsynthese, Kapitel 9)*

3 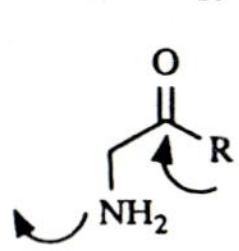 *(vgl. Oxazolsynthese, Kapitel 3, und Knorr-Pyrrolsynthese, Kapitel 2)*

Nachstehend ist die Reaktion einer acylierenden Verbindung mit einem Nucleophil gezeigt.

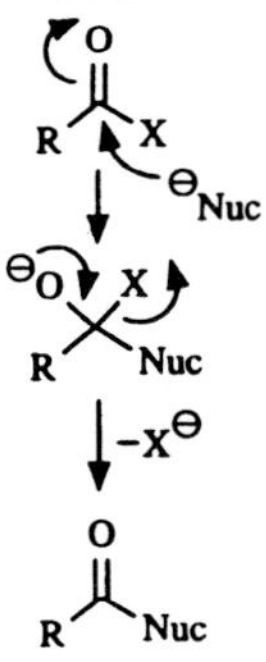

Aus Vereinfachungsgründen ist der Zweistufenprozeß in diesem Buch wie folgt abgekürzt:

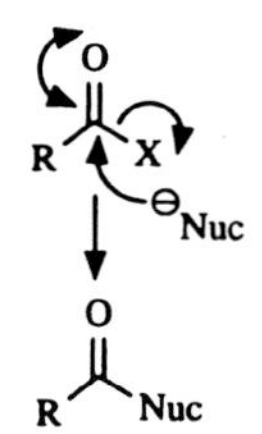

Auf diese Weise können Amide cyclisieren, so entstehen bei Acylierung der Aminosäuren **1.34** die Oxazolidinone **1.35**.

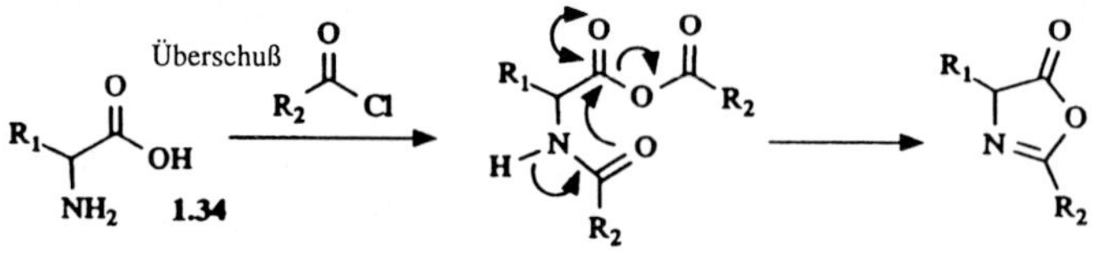

Acylierende Species sind daher sowohl in der elektrophilen als auch in der nucleophilen/elektrophilen Gruppe der Tabelle 1.1. aufgeführt. Ein verwandtes Beispiel ist die in Kapitel 3 beschriebene Synthese von Oxazolen.

1,3-Dicarbonylverbindungen, z.B. Malonsäurederivate, lassen sich ebenfalls unter zwei Gruppen einordnen. Sie reagieren nicht einfach nur als dreiatomiges bis-elektrophiles Fragment (wie in der Synthese des Barbiturats **10.25**, Seite 77), sondern können auch über eine andere Reaktivität verfügen. Die Kondensation (über einen nucleophilen Angriff) des aktiven Methylenkohlenstoffatoms und die elektrophile Reaktion an nur einer der Carbonylgruppen entspricht einem nucleophilen/elektrophilen Reaktionsprofil von zwei Atomen, wie die Herstellung des Cumarins **9.16** zeigt.

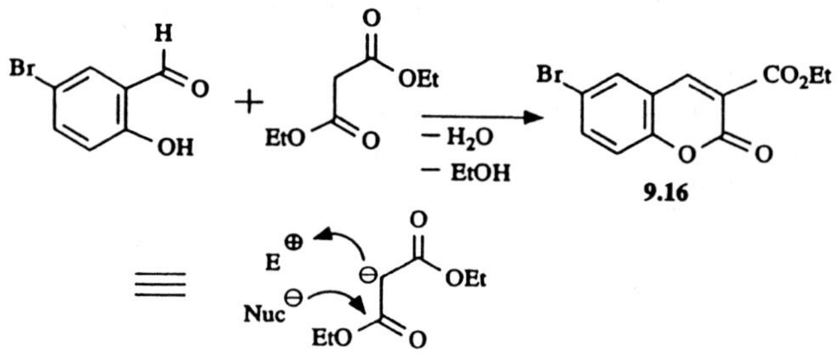

Diese Vorstellungen über Retrosynthese und Heterocyclenaufbau sollen dazu beitragen, die in den folgenden Kapiteln behandelten Synthesen aus einem allgemeineren Blickwinkel zu sehen.

1.4 Literatur

Lehrbücher

Acheson, R.M. (1967). *An introduction to the chemistry of heterocyclic compounds*, (2. Aufl.). Wiley, New York.

Paquette, L.A. (1966). *Principles of modern heterocyclic chemistry*. Benjamin, New York.

Joule, J.A. und Smith, G.F. (1979). *Heterocyclic chemistry*, (2. Aufl.). Van Nostrand Reinhold, New York.

Gilchrist, T.L. (1985). *Heterocyclic chemistry*. Longman, Harlow.

Die beiden ersten (Acheson und Paquette) sind auch heute noch sehr gute Lehrbücher, von den neueren sind beide wärmstens zu empfehlen. Der Joule/Smith ist vielleicht eher ein einführendes Buch als der Gilchrist, der viele Zeitschriftenzitate enthält und sich mehr an fortgeschrittene Studenten und Diplomanden richtet. Der Zugang zur Heterocyclensynthese über nucleophile/elektrophile Fragmente wird bei Gilchrist behandelt.

Warren, S. (1978). *Designing organic synthesis*, S. 150–172. Wiley, Chichester.
Warren, S. (1982). *Organic synthesis – the disconnection approach*, S. 326–345. Wiley, Chichester.

Nachschlagewerke und Buchreihen

Coffey, S. (Hrsg.) (1973–1986). *Heterocyclic compounds* (Bd. 4A–4K von *Rodd's chemistry of carbon compounds*). Elsevier, Amsterdam.
Elderfield, R.C. (Hrsg.) (1950–1967). *Heterocyclic chemistry*, Bd. 1–9. Wiley, New York.
Katritzky, A.R. und Boulton, A.J. (Hrsg.) (1963–1989). *Advances in heterocyclic chemistry*, Bd. 1–45. Academic Press, Orlando.
Katritzky, A.R. und Rees, C.W. (Hrsg.) (1984). *Comprehensive heterocyclic chemistry*, Bd. 1–8. Pergamon Press, Oxford.
Katritzky, A.R. et al. (1991). *Heterocycles*, **32**, 127–161.
Sammes, P.G. (Hrsg.) (1979). *Heterocyclic chemistry* (Bd. 4 von *Comprehensive organic chemistry*, Hrsg. D. Barton und W.D. Ollis).Pergamon Press, Oxford.
Weissburger, A. und Taylor, E.C. (Hrsg.) (1950–1990). *The chemistry of heterocyclic compounds*. Wiley Interscience, New York.

Alle diese Quellen enthalten hervorragende Übersichten über praktisch jeden Aspekt der Heterocyclenchemie. Insbesondere der Katritzky/Rees ist ein sehr umfassendes Werk.
Zur Synthese von Heterocyclen als pharmazeutische Wirkstoffe siehe:

Lednicer, D. und Mitscher, L.A. (1977, 1980, 1984 und 1990). *Organic chemistry of drug synthesis*, Bd. 1–4. Wiley, New York.

Experimentelle Literatur

In diesem einführenden Buch finden sich nur wenige detaillierte Angaben bezüglich Lösungsmitteln, Ausbeuten, Aufarbeitungsmethoden usw.. Mehrere Kapitel verweisen jedoch auf ein relevantes experimentelles Verfahren (aus Organic syntheses oder Vogel), dessen Lektüre dem Studenten dringend zu empfehlen ist. Eine ausgezeichnete Auswahl experimenteller Methoden zur Synthese von Heterocyclen findet sich bei:

Furniss, B.S., Hannaford, A.J., Smith, P.W.G. und Tatchell, A.R. (1989). *Vogel's textbook of practical organic chemistry* (5. Aufl.), S. 1127–1194. Longman, Harlow.

2 Pyrrole, Thiophene und Furane

2.1 Einleitung

Pyrrol **2.1,** Thiophen **2.2** und Furan **2.3** sind heteroaromatische Fünfringe mit einem Heteroatom. Sie erhalten ihre Aromatizität durch die Delokalisierung eines freien Elektronenpaars vom Heteroatom. Dieses Elektronenpaar steht daher nicht mehr für eine Protonierung zur Verfügung, so daß diese Heterocyclen nicht basisch sind.

Die Bezifferung von Heterocyclen beginnt im allgemeinen am Heteroatom.

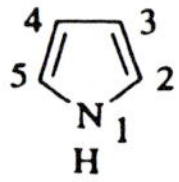

2.1

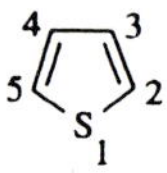

2.2

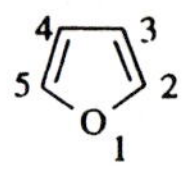

2.3

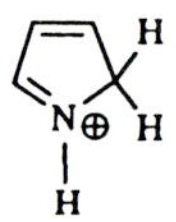

Unter extrem sauren Bedingungen wird Pyrrol protoniert, allerdings in C2-Stellung.

Die Grundlage und das Maß ihrer Aromatizität wird in Kapitel 1 behandelt. Zusammenfassend läßt sich sagen, daß die Fähigkeit des freien Elektronenpaares an einem bestimmten Heteroatom zur Delokalisation in umgekehrter Beziehung zur Elektronegativität des Heteroatoms steht. So ist Furan die am wenigsten aromatische Verbindung der Dreiergruppe, da Sauerstoff die höchste Elektronegativität hat und die mesomeren Darstellungen **2.4b-e** daher – anders als bei Pyrrol und Thiophen – einen verhältnismäßig geringen Beitrag zur Elektronenstruktur von Furan leisten. Die Aromatizität nimmt in der Reihenfolge Furan < Pyrrol < Thiophen zu. Wie sich die unterschiedlichen Aromatizitäten auf das Reaktionsverhalten der drei verwandten Heterocyclen auswirken, wird später besprochen.

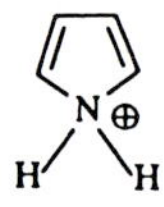

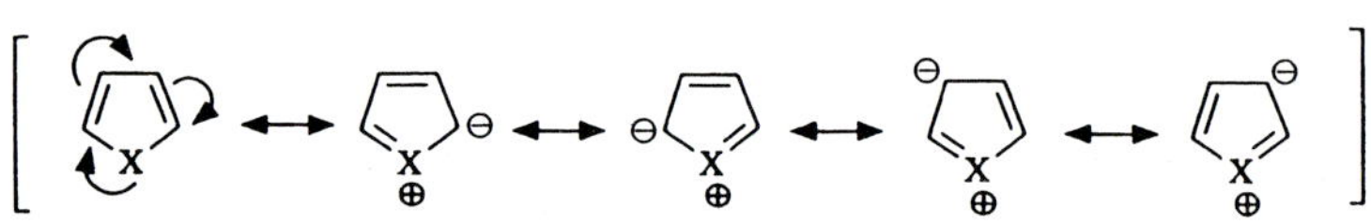

2.4a **2.4b** **2.4c** **2.4d** **2.4e**

X = NH , S , O

Die Protonierung des Stickstoffatoms von Pyrrol würde zu einem nichtaromatischen Kation führen.

In der Natur kommen nur wenige einfache Pyrrole, z.B. **2.5** und **2.6,** vor. Weit bedeutender sind Tetrapyrrolderivate (Porphyrine) wie Chlorophyll-a **2.7** und Häm **2.8.**

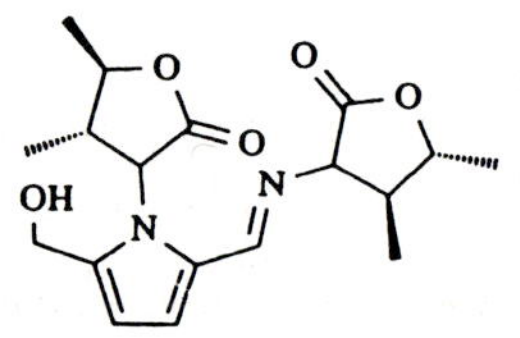

2.5

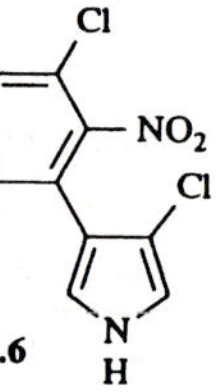

2.6

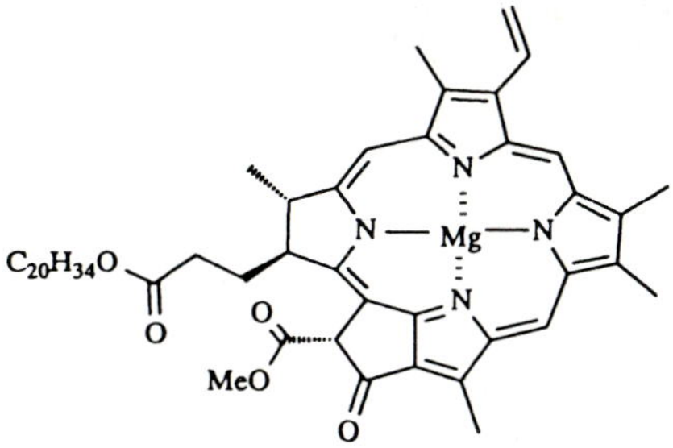

2.7

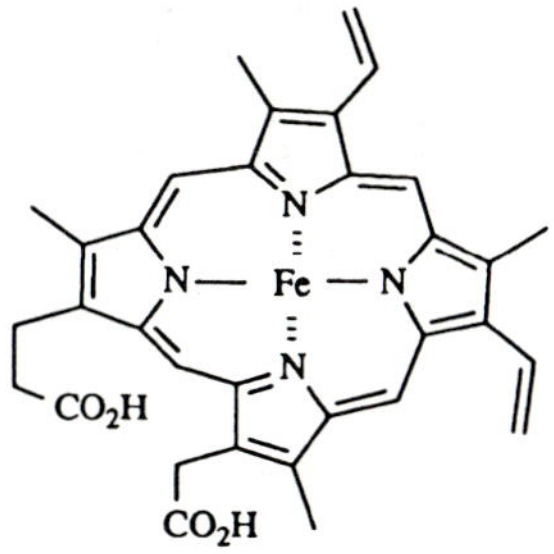

2.8

Chlorophyll-a ist ein Pflanzenfarbstoff, der am bedeutenden Photosyntheseprozeß beteiligt ist, bei dem die Energie des Sonnenlichts dazu genutzt wird, Kohlendioxid in den Pflanzenstoffwechsel einzubauen. Dagegen ist Häm als sauerstoffbindender Bestandteil von Hämoglobin für die Biologie der Säuretiere entscheidend. Aus der Luft aufgenommener Sauerstoff wird unter vorübergehender Koordinierung an das Eisenatom von Hämoglobin, das Bestandteil der roten Blutkörperchen ist, durch den Körper transportiert.

Das in manchen höheren Pflanzenarten gefundene acetylenische Thiophen **2.9** ist eines der wenigen natürlich vorkommenden Thiophene. Der Thiophenring wird jedoch in einer Reihe wichtiger Pharmazeutika wie dem Penicillin-Antibiotikum **2.10** verwendet.

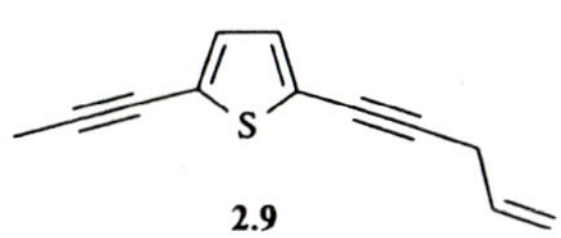

2.9

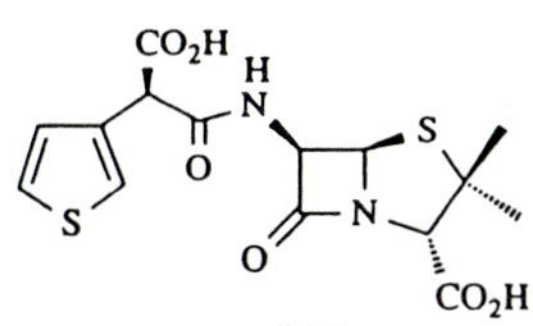

2.10

Im Gegensatz zur Pyrrol- und Thiophenreihe kommt der Furankern in vielen pflanzlichen Terpenen, z.B. **2.11,** vor. Das wichtigste furanhaltige Medikament ist **2.12**, es vermindert die Magensäuresekretion und hat für die Ulcusbehandlung Bedeutung.

Terpene sind pflanzliche Naturstoffe, die aus Vielfachen des aus 5 C-Atomen bestehenden Kohlenwasserstoffs Isopren aufgebaut ist.

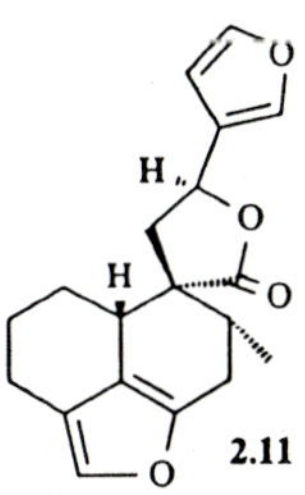

2.11

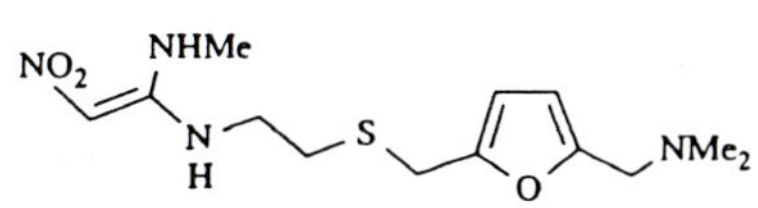

2.12

2.2 Synthese von Pyrrolen, Thiophenen und Furanen

Wir behandeln zunächst eine allgemeine, auf alle drei Heterocyclen anwendbare Synthese und betrachten anschließend zwei spezielle Pyrrolsynthesen.

Der retrosynthetische Bindungsbruch einer Kohlenstoff-Heteroatom-Bindung in **2.13** ergibt das Enol **2.14** – ein Äquivalent des Ketons **2.15**. Durch Wiederholung dieses Vorgangs erhält man eine 1,4-Dicarbonylverbindung und das heteroatomhaltiges Bruchstück, z.B. ein primäres Amin oder Schwefelwasserstoff.

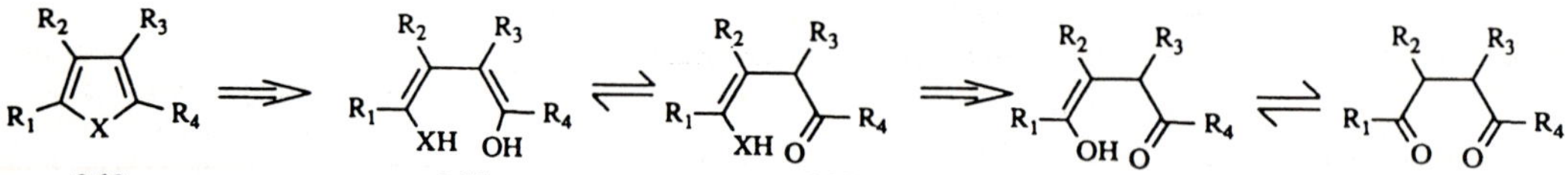

2.13 2.14 2.15

+ RNH_2,H_2S,H_2O

Das umgekehrte, als Paal-Knorr-Synthese bekannte Verfahren ist eine sehr direkte Methode, die nur durch die Zugänglichkeit der 1,4-Dicarbonylvorstufen eingeschränkt wird.

Die Herstellung von 2,5-Dimethylpyrrol **2.16** veranschaulicht den Mechanismus, der einfach aus zwei aufeinanderfolgenden Kondensationen besteht.

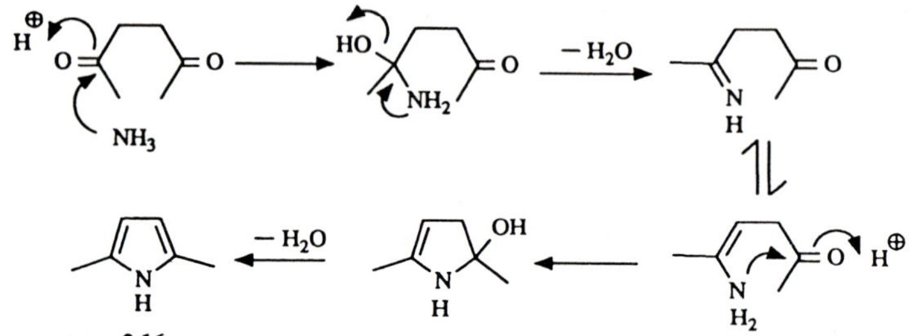

2.16

Die Paal-Knorr-Synthese läßt sich auf ähnliche Weise auch auf Thiophene, z.B. die Verbindungen **2.17-2.20**, anwenden.

2.17 **2.18**

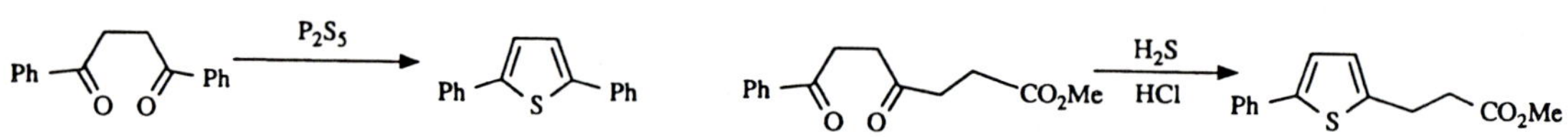

2.19 **2.20**

Mit Schwefelwasserstoff als Quelle für das Heteroatom gleicht der Mechanismus dem der Pyrrolsynthese.

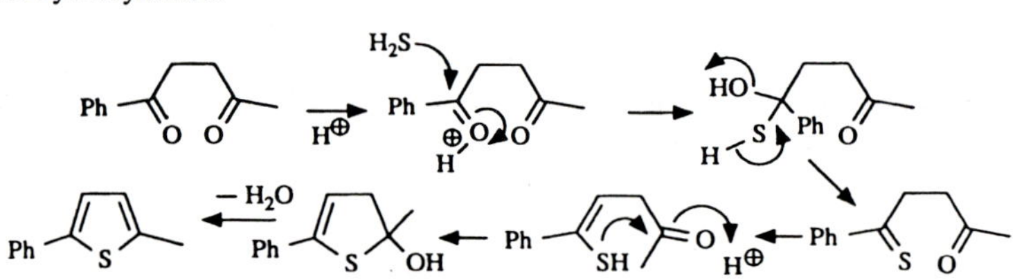

2.17

Etwas anders verläuft die Reaktion aber mit Phosphor(V)sulfid. Dieses Reagens überführt Ketone in Thioketone, wobei zwischen einer Phosphor-Schwefel- und einer Kohlenstoff-Sauerstoff-Doppelbindung ein Austausch stattfindet.

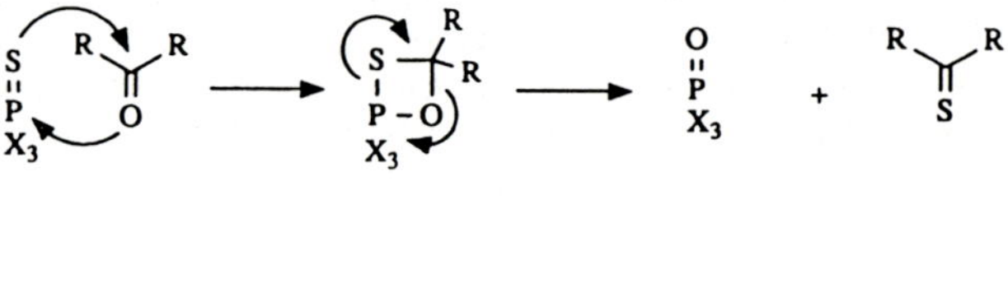

Beispielsweise wird bei der Synthese von **2.19** das 1,4-Diketon in das entsprechende 1,4-Dithioketon überführt, aus dem dann Schwefelwasserstoff abgespalten wird.

Der Mechanismus des Cyclisierungsschritts ist dem für das Thiophen **2.17** ähnlich.

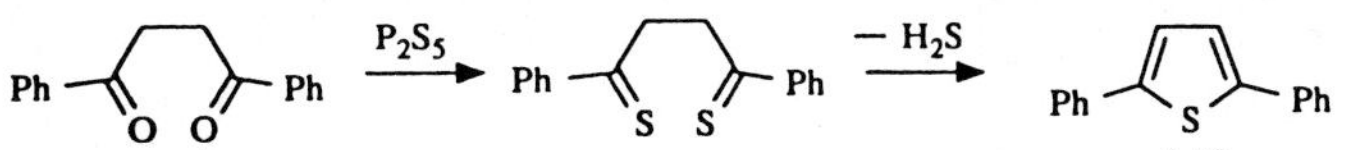

2.19

Bei Anwendung der retrosynthetischen Analyse der Paal-Knorr-Synthese auf Furan ergibt sich die Schwierigkeit, daß ein Molekül Wasser zugefügt wird und anschließend zwei Moleküle Wasser eliminiert werden müssen. In der Praxis führt die einfache Dehydratation einer 1,4-Dicarbonylverbindung zu Furanen wie bei der Herstellung von **2.21**.

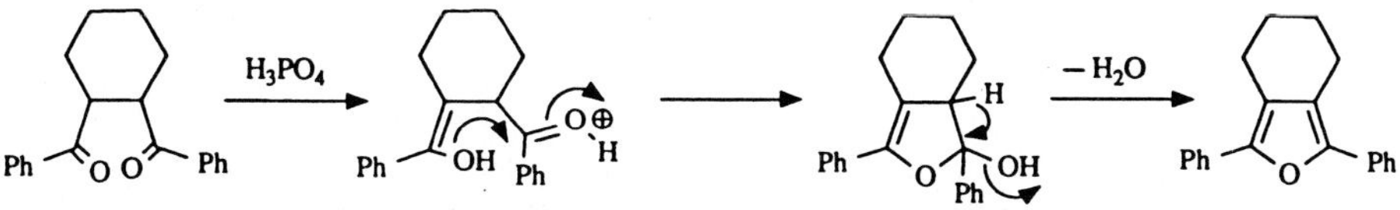

2.21

Für Pyrrole ist die wahrscheinlich am häufigsten verwendete Herstellungsmethode die Knorr-Synthese – die Kondensation eines Ketons **2.22** mit einem α-Aminoketon **2.23**, die über ein Enamin **2.24** zum Pyrrol **2.13** führt. Vorstellbar ist der nachstehend gezeigte Mechanismus, allerdings konnte keine der Zwischenstufen isoliert werden.

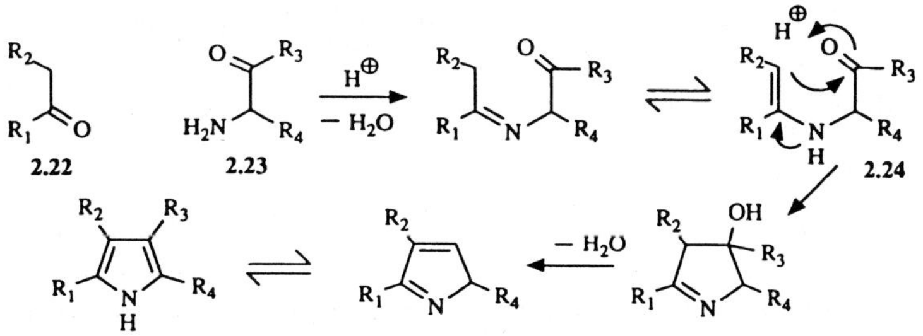

Die α-Aminoketone werden häufig durch Nitrosierung einer aktiven Methylengruppe und anschließende Reduktion des Oxims zum Amin hergestellt (z.B. **2.25** → **2.26** → **2.27**).

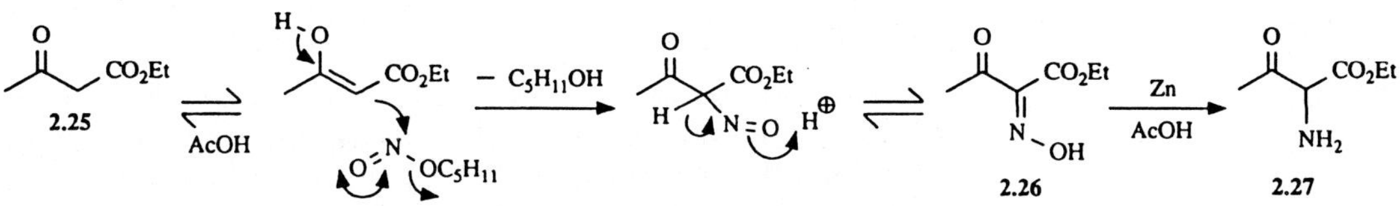

Da α-Aminoketone zur Selbstkondensation neigen (vgl. Seite 22 über α-Aminoketone), wird der erste Kondensationsschritt erleichtert, wenn R2 in **2.22** eine elektronenanziehende Gruppe ist. Dadurch wird die elektrophile Eigenschaft der Ketogruppe verstärkt, so daß die Geschwindigkeit der erwünschten Reaktion zunimmt, und das

Enamin-Tautomer **2.24** aufgrund der Konjugation mit der elektronenanziehenden Gruppe gegenüber dem Imino-Tautomer bevorzugt ist. Nachfolgend ist eine Auswahl von Knorr-Pyrrolsynthesen mit den Enamin-Zwischenstufen gezeigt.

Die Knorr-Pyrrolsynthese besteht aus der Kondensation eines Ketons und eines Amins zum Enamin und anschließender intramolekularen Cyclisierung dieses Enamins an das verbliebene Keton.

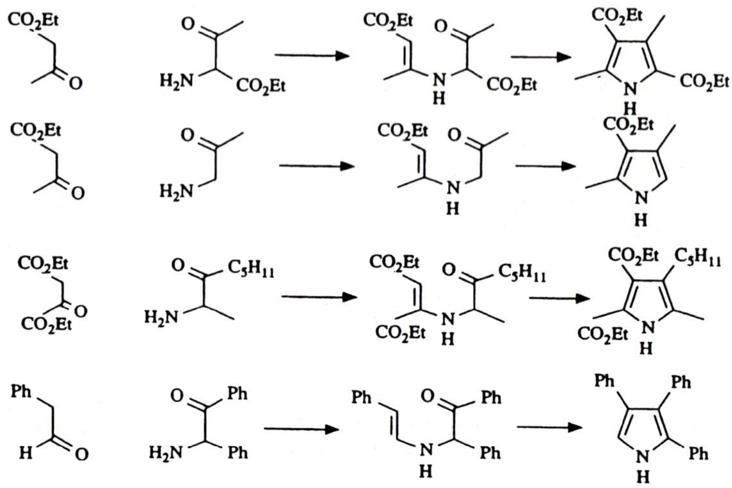

2.3 Elektrophile Substitution von Pyrrol, Thiophen und Furan

Pyrrol reagiert mit Elektrophilen wie ein Enamin am Kohlenstoffatom.

Alle drei Heterocyclen gehen aromatische Substitutionen ein, obwohl sich ihre Reaktivitäten beträchtlich unterscheiden. Sehen wir uns einen verallgemeinerten Mechanismus und den Einfluß der Stabilität der beiden möglichen Zwischenstufen auf den Ort der Substitution an.

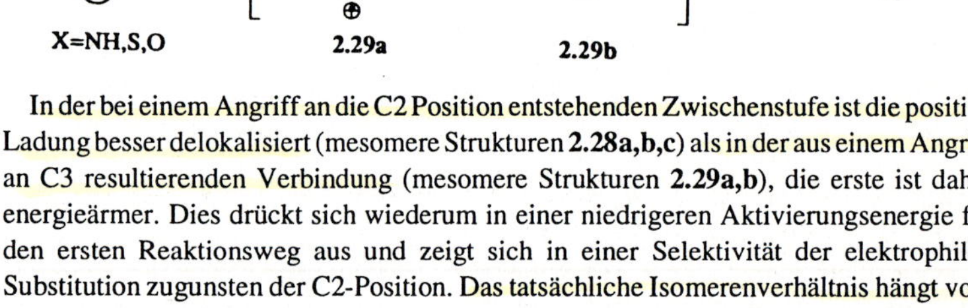

X=NH,S,O 2.28a 2.28b 2.28c 2.29a 2.29b

In der bei einem Angriff an die C2 Position entstehenden Zwischenstufe ist die positive Ladung besser delokalisiert (mesomere Strukturen **2.28a,b,c**) als in der aus einem Angriff an C3 resultierenden Verbindung (mesomere Strukturen **2.29a,b**), die erste ist daher energieärmer. Dies drückt sich wiederum in einer niedrigeren Aktivierungsenergie für den ersten Reaktionsweg aus und zeigt sich in einer Selektivität der elektrophilen Substitution zugunsten der C2-Position. Das tatsächliche Isomerenverhältnis hängt vom Heterocyclus, vom Elektrophil und von den genauen Reaktionsbedingungen ab, dennoch sind diese Reaktionen in vielen Fällen praktisch regiospezifisch, und es werden nur

C2-Substitutionsprodukte isoliert. Sehr reaktive Elektrophile (z.B. das Nitronium-Ion NO_2^+) wirken nicht so selektiv, da sie dazu neigen, hinsichtlich ihres Angriffsorts am heteroaromatischen Kern weniger zu unterscheiden.

Die Leichtigkeit der elektrophilen Substitution nimmt in der Reihe Pyrrol > Furan > Thiophen > Benzol ab.

Pyrrol ist gegenüber Elektrophilen außerordentlich reaktiv, während Thiophen als aromatischste Verbindung der Dreiergruppe weit weniger reaktiv ist. Bei sehr grober Näherung entspricht die Reaktivität von Thiophen in der Größenordnung der eines heteroatom-substituierten Benzolderivats wie Phenol. Trotz großer Unterschiede in den Reaktionsgeschwindigkeiten elektrophiler Substitutionen gibt es einige wichtige aromatische Substitutionen, die allen drei Heterocyclen gemeinsam sind.

Unter der Vilsmeier-Reaktion versteht man die Formylierung reaktiver Aromaten mit einer Verbindung aus Phosphoroxychlorid und N,N-Dimethylformamid und anschließende wäßrige Aufarbeitung.

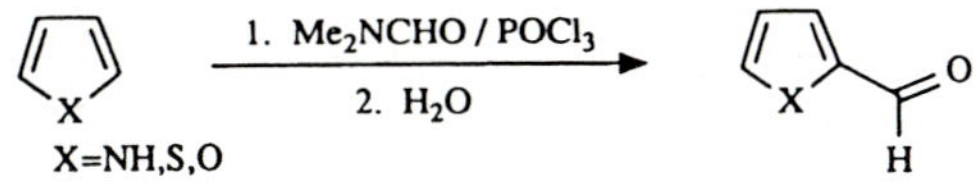

Die Reaktion verläuft über die Bildung des elektrophilen Vilsmeier-Komplexes **2.30** und eine anschließende elektrophile Substitution des Heterocyclus. Die Formylgruppe entsteht bei der hydrolytischen Aufarbeitung. Diese Formylierung ist bei Pyrrol, Thiophen und Furan hochselektiv zugunsten der C2-Position.

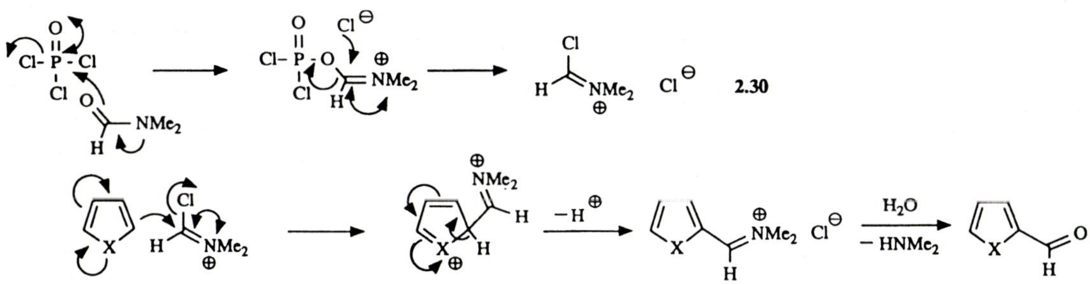

Alle drei Heterocyclen gehen mit dem Pyridin-Schwefeltrioxid-Komplex eine Sulfonierung ein. Dieser dient als milde Schwefeltrioxidquelle, so daß die Sulfonierung unter nahezu neutralen Bedingungen durchgeführt werden kann.

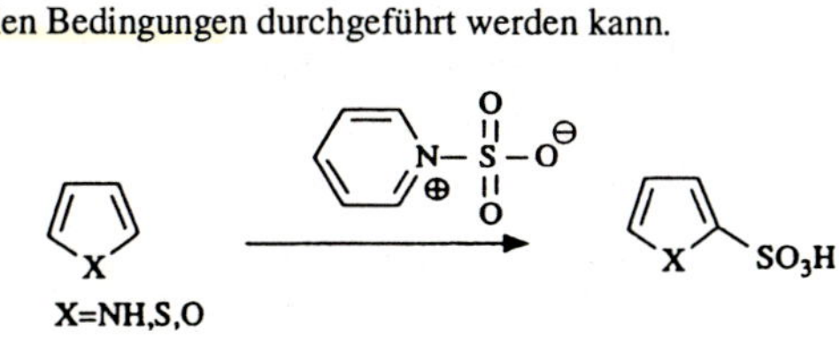

Gegenüber Mineralsäuren sind Furan und Pyrrol nicht stabil, mit Acetylnitrat lassen sich jedoch alle drei Heterocyclen nitrieren.

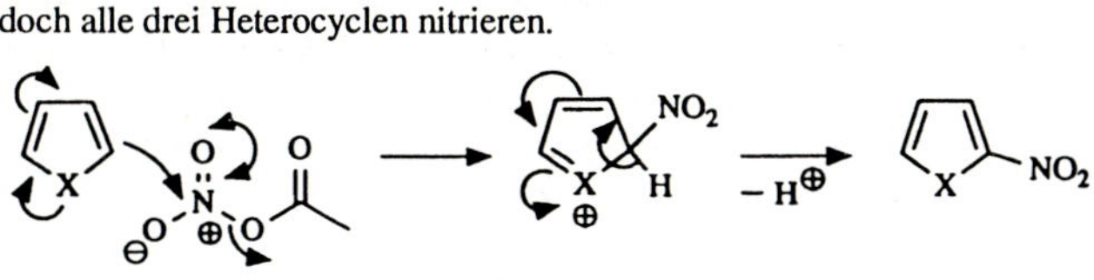

Um eine quantitative Vorstellung von diesen Reaktivitätsunterschieden zu geben, sind nachfolgend die Daten für die Bromierung von drei repräsentativen Derivaten

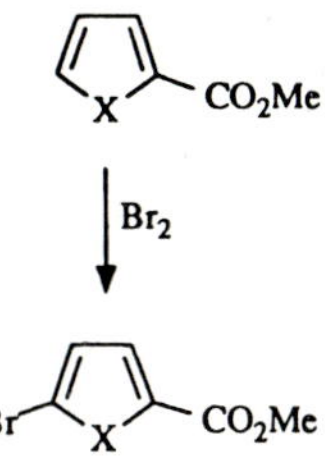

X	**Relative Geschwindigkeit**
S	1
O	$1,2 \times 10^2$
NH	$5,6 \times 10^8$

wiedergegeben.

Die Bildung von **2.32** beleuchtet einen wichtigen theoretischen Punkt: da Furan nicht sehr aromatisch und daher die treibende Kraft zur „Rearomatisierung" durch Abspaltung eines Protons nicht sehr stark ist, läßt sich das Kation **2.31** zu **2.32** abfangen. Pyrrol und Thiophen zeigen dieses Reaktionsverhalten nicht.

Während sich der oben gezeigte Mechanismus auf Pyrrol und Thiophen anwenden läßt, ergibt die Nitrierung von Furan mit Acetylnitrat das 2,5-Additionsprodukt **2.32**, das durch Angriff des Acetat-Ions auf das intermediäre Kation **2.31** entsteht. Durch Umsetzung von **2.32** mit Pyridin wird Essigsäure unter Bildung von Nitrofuran **2.33** eliminiert.

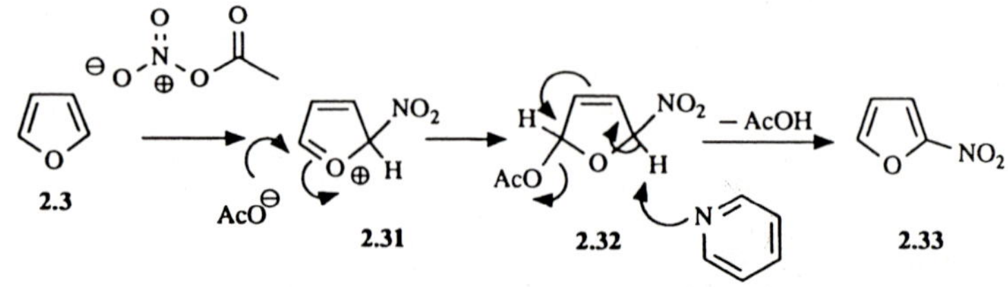

2.3 **2.31** **2.32** **2.33**

Thiophen, alkylsubstituierte Furane und insbesondere Pyrrol gehen Mannich-Reaktionen ein.

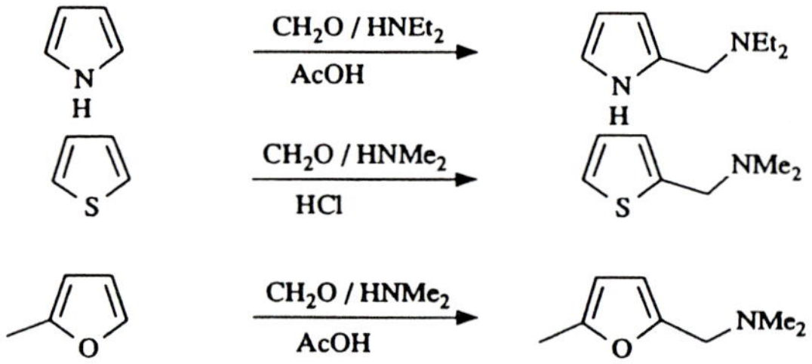

Hierunter ist die Kondensation des Heterocyclus mit Formaldehyd und einem Amin (im allgemeinen einem sekundären Amin) zu einem Aminomethylderivat zu verstehen.

$$Me_2NH + CH_2O \xrightarrow[-\,H_2O]{AcOH} CH_2{=}\overset{\oplus}{N}Me_2 \quad {}^{\ominus}OAc$$

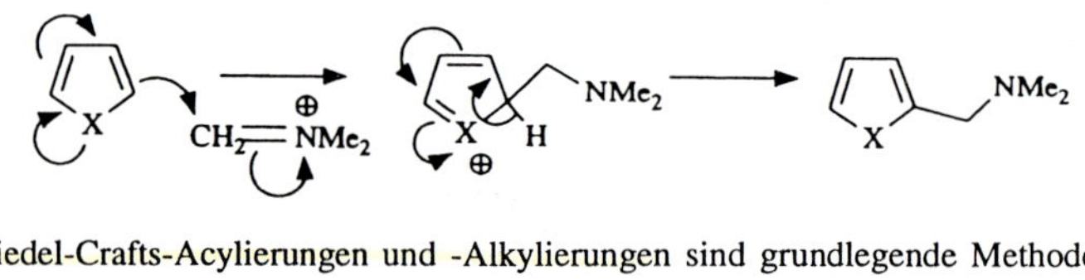

Friedel-Crafts-Acylierungen und -Alkylierungen sind grundlegende Methoden der aromatischen Chemie. Pyrrole und Furane sind gegenüber den für diese Reaktionen erforderlichen Lewis-Säuren nicht stabil, dagegen gehen Thiophene Friedel-Crafts-Acylierungen und -Alkylierungen ein.

Sind die C2- und die C5-Position blockiert, tritt eine elektrophile Substitution in C3-Stellung ein.

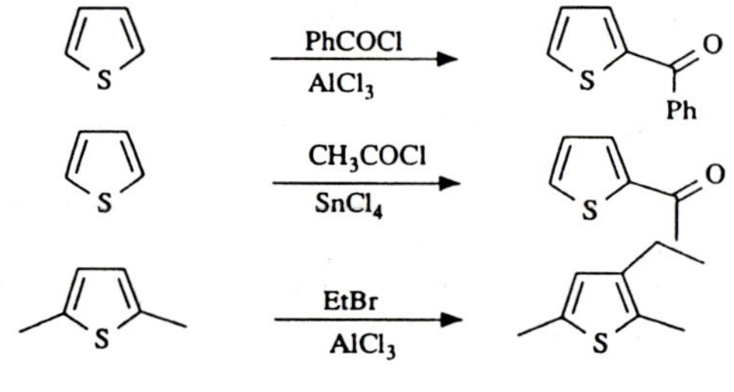

Die Reaktivität aller drei Heterocyclen nimmt beträchtlich ab, wenn der Ring elektronenanziehende Gruppen trägt. Dies ist für die Synthese von Pyrrolderivaten von Bedeutung, da der Ring zusätzliche chemische Stabilität erhält, so daß auch Reaktionen in Gegenwart von Lewis-Säuren durchgeführt werden können.

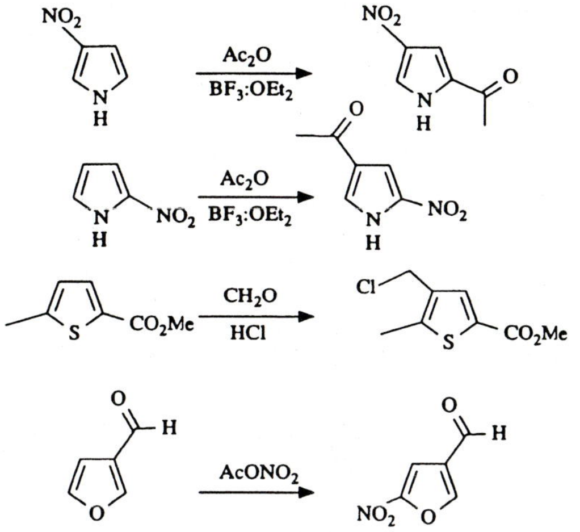

Die Regiochemie dieser Reaktionen ist einfach durch Übertragungen aus der klassischen Benzolchemie zu erklären, d.h. elektronenanziehende Gruppen dirigieren in *meta*-Position.

2.4 Chemie der Anionen von Pyrrolen, Thiophenen und Furanen

Pyrrol trägt am Stickstoff ein schwach saures Wasserstoffatom (pK_a=17.5) und wird durch starke Basen deprotoniert. Die Natrium- und Kaliumsalze haben Ionencharakter, das nackte Anion neigt zu Reaktionen am Stickstoff wie die Herstellung von N-Methylpyrrol **2.34** zeigt. Das entsprechende Magnesiumderivat **2.35** hat mehr kovalenten Charakter und reagiert eher am Kohlenstoff als am Stickstoff, z.B. bei der Synthese des Pyrrolaldehyds **2.36.**

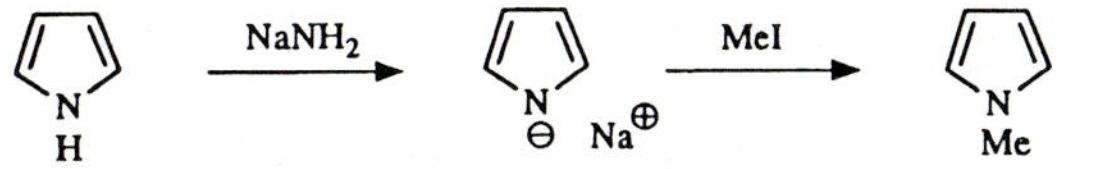

2.34

2.1

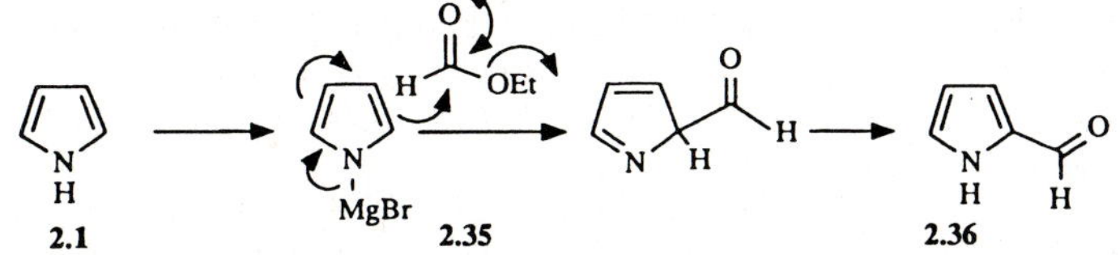

2.1 **2.35** **2.36**

N-Methylpyrrol **2.34,** Thiophen und Furan werden durch Alkyllithium-Reagentien in C2-Stellung metalliert. Diese Position ist durch den elektronenanziehenden induktiven Effekt des Heteroatoms gegenüber einer Deprotonierung aktivierter als die C3-Stellung. Das nucleophile 2-Lithioderivat läßt sich mit verschiedenen Elektrophilen umsetzen, wie die Synthese von **2.37, 2.38** und **2.39** zeigt. Sehen wir uns nun an, wie sich diese Methodik auf die Synthese von **2.42**, dem furanhaltigen Analogon einer langkettigen Fettsäure, anwenden läßt. Durch Deprotonierung von Furan und anschließende Alkylierung entsteht **2.39**. Eine zweite Deprotonierung an der C5-Position gefolgt von einer Alkylierung führt zum Bromid **2.40**. Durch Austausch des Bromids wird das Nitril **2.41** erhalten, dessen Hydrolyse das gewünschte Furan **2.42** liefert.

Die genaue Natur der Kohlenstoff-Lithium-Bindung geht über den Rahmen dieses Buches hinaus. Um die Unterschiede hinsichtlich Eigenschaften und Reaktivitäten gegenüber völlig kovalenten Bindungen hervorzuheben, werden Organolithiumverbindungen hier als Carbanion und Kation dargestellt

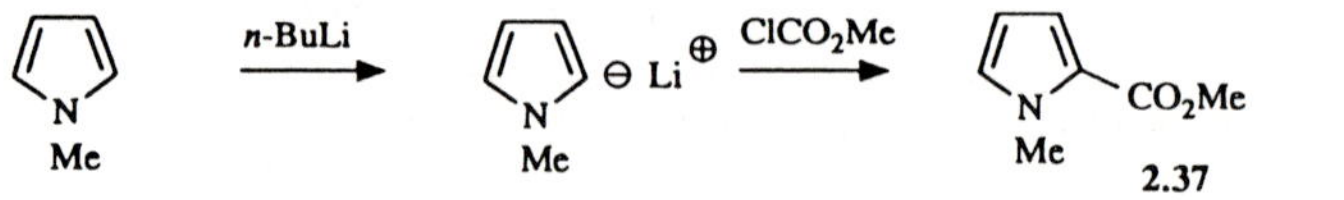

2.37

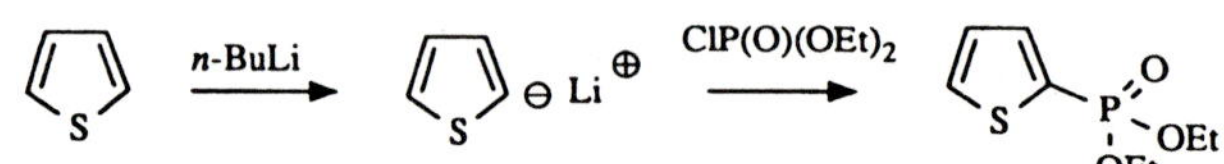

2.2 **2.38**

Die Alkylgruppe in C2-Stellung wird bei der zweiten Alkylierung nicht deprotoniert.

Bemerkenswert ist die Verwendung von –CN als Synthesebaustein für –CO2H.

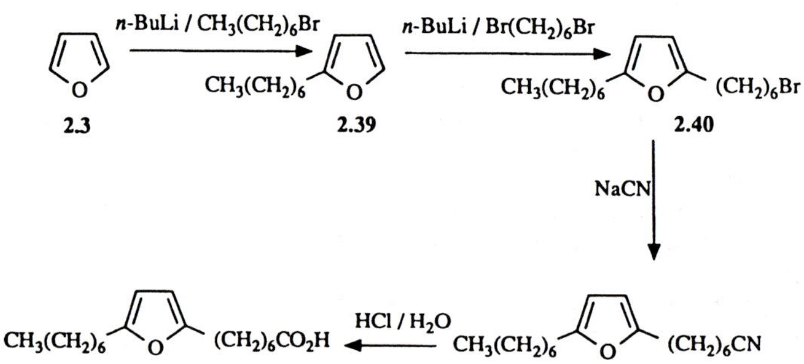

2.3 **2.39** **2.40** **2.42** **2.41**

2.5 Übungen

1.

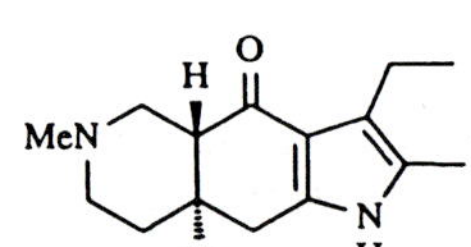

2.43

Das tricyclische Pyrrolderivat **2.43** befindet sich derzeit in der Entwicklung als Präparat zur Behandlung der Schizophrenie. Es wird durch eine Knorr-Pyrrolsynthese hergestellt. Welche Strukturformeln haben die beiden benötigten Ausgangsverbindungen und die Enamin-Zwischenstufe?

2. Warum ist der Pyrrolaldehyd **2.44** gegenüber Nucleophilen weniger reaktiv als beispielsweise Benzaldehyd? Warum polymerisiert der Pyrrolalkohol **2.45** leicht in Gegenwart von Säuren?

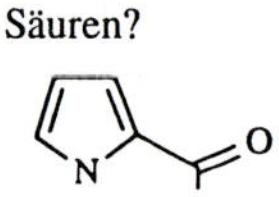

2.44

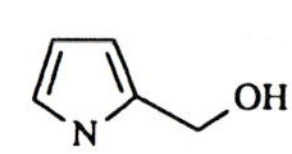

2.45

3. Bei der Nitrierung von Furan mit Nitroniumtetrafluorborat entsteht direkt das Nitrofuran **2.33**. Vergleichen Sie dieses Ergebnis mit der zweistufigen Reaktion, die mit Acetylnitrat (Abschnitt 2.3) notwendig ist, und erklären Sie diese Beobachtungen.

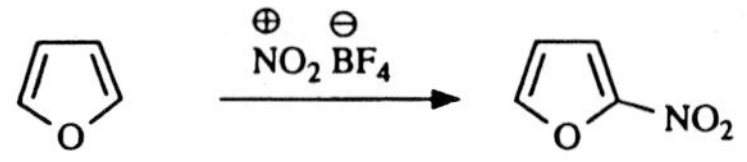

2.2 **2.33**

4. Nach welchem Mechanismus verläuft die folgende Umsetzung?

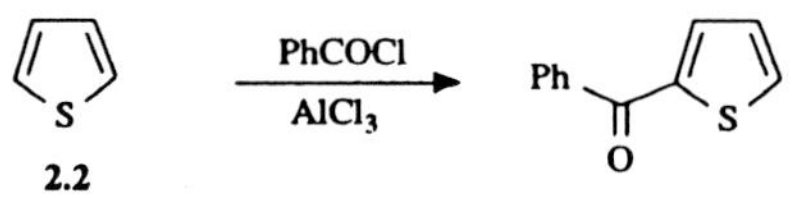

2.2

2.6 Literatur

Dean, F.M. (1982). *Adv. heterocyclic chem.*, **30**, 167; **31**, 237 (Furane).

Gronowitz, S. (Hrsg.) (1985). In *Thiophene and its derivatives* (*The chemistry of heterocyclic compounds* [Hrsg. A. Weissburger und E.C. Taylor], Vol. 44). Wiley Interscience, New York.

Furniss, B.S., Hannaford, A.J., Smith, P.W.G. und Tatchell, A.R. (1989). *Vogel's textbook of practical organic chemistry* (5. Aufl.), S. 1148 (Herstellung des Pyrrols **2.16**). Longman, Harlow.

Jackson, A.H. (1979). In *Heterocyclic chemistry* (Hrsg. P.G. Sammes) (*Comprehensive organic chemistry*, Vol. 4, Hrsg. D. Barton und W.D. Ollis) (Pyrrole). Pergamon Press Oxford.

Jones, R.A. (Hrsg.) (1990). In *Pyrroles* (*The chemistry of heterocyclic compounds* [Hrsg. A. Weissburger und E.C. Taylor], Vol. 48, Teil 1). Wiley Interscience, New York.

Jones, R.A. und Bean, G.P. (1977). *The chemistry of pyrroles.* Academic Press, London.

Jones, E. und Moodie, I.M. (1970). *Org. syn.*, **50**, 104 (C2-Metallierung von Thiophen).

Katritzky, A.R. und Rees, C.W. (Hrsg.) (1984). *Comprehensive heterocyclic chemistry*, Vol. 4, Teil 3 (Fünfringe mit einem Heteroatom). Pergamon Press, Oxford.

Meth-Cohn, O. (1979). In *Heterocyclic chemistry* (Hrsg. P.G. Sammes) (*Comprehensive organic chemistry*, Vol 4, Hrsg. D. Barton und W.D. Ollis), S. 737 (Thiophene). Pergamon Press, Oxford.

Sargent, M.V. (1979). In *Heterocyclic chemistry* (Hrsg. P.G. Sammes) (*Comprehensive organic chemistry*, Vol. 4, Hrsg. D. Barton und W.D. Ollis), S. 693 (Furane). Pergamon Press, Oxford.

Silverstein, R.M., Ryskiewicz, E.E. und Willard, C. (1963). *Organic syntheses*, Coll. Vol. IV, 831 (Vilsmeier-Formylierung von Pyrrol).

3 Oxazole, Imidazole und Thiazole

3.1 Einleitung

Oxazol **3.1**, Imidazol **3.2** und Thiazol **3.3** sind die Stammverbindungen der verwandten 1,3-Azole, die mit ein Stickstoffatom und ein weiteres Heteroatom im Fünfring enthalten.

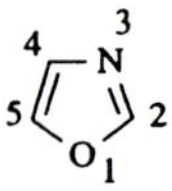

3.1

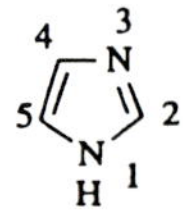

3.2

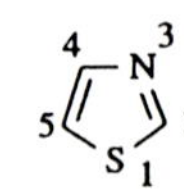

3.3

Sie sind mit den 1,2-Azolen Isoxazol, Pyrazol und Isothiazol isomer (siehe Kapitel 4). Ihre Aromatizität erhalten sie durch Delokalisierung eines freien Elektronenpaars vom zweiten Heteroatom, **3.4a-e**.

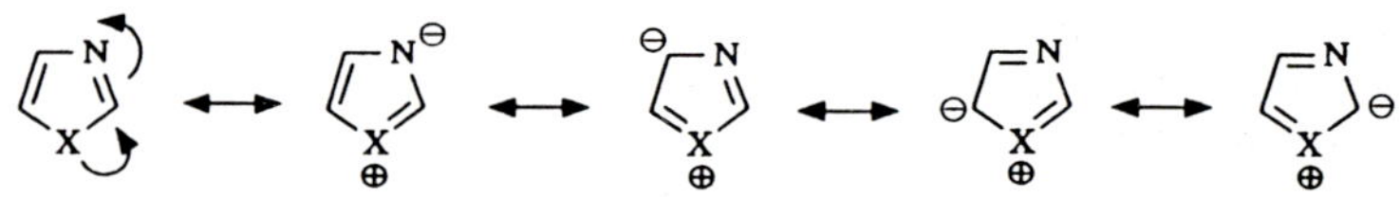

3.4a **3.4b** **3.4c** **3.4d** **3.4e**

X=O,NH,S

Die Biosynthese von Histamin verläuft über die Decarboxylierung der Aminosäure Histidin.

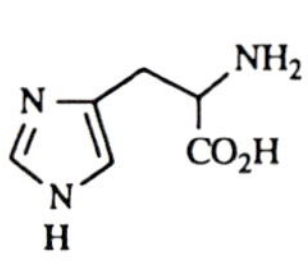

In der Natur tritt der Imidazolring in Histamin **3.5** auf, einer wichtigen Mediatorsubstanz bei Entzündungen und Magensäuresekretion. In dem essentiellen Vitamin Thiamin **3.6** wurde ein quaternisierter Thiazolring nachgewiesen. Von einigen Sekundärmetaboliten aus Pflanzen und Pilzen abgesehen, gibt es nur wenige natürlich vorkommende Oxazole.

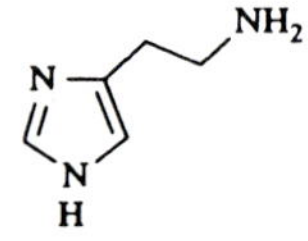

3.5

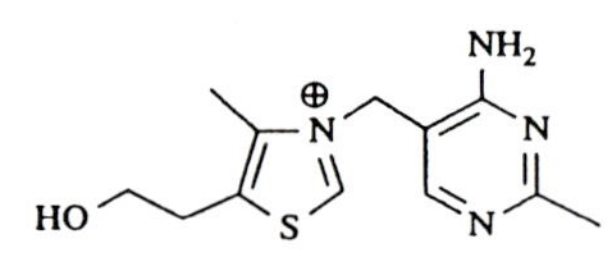

3.6

Formal entstehen Oxazol, Imidazol und Thiazol aus Furan, Pyrrol bzw. Thiophen durch Austausch der CH-Gruppe in 3-Stellung gegen ein Stickstoffatom. Dieses Pyridin-ähnliche Stickstoffatom desaktiviert die 1,3-Azole gegenüber einem elektrophilen Angriff und macht sie für Nucleophile empfindlicher (siehe unten). Die 1,3-Azole können als Hybride zwischen Furan, Pyrrol oder Thiophen und Pyridin betrachtet werden.

Imidazol (pK_a=7.0) ist basischer als Oxazol (pK_a=0.8) und Thiazol (pK_a=2.5). Diese stärkere Basizität beruht darauf, daß Verbindungen mit zwei Stickstoffatomen über eine größere Fähigkeit zur Elektronenabgabe verfügen als solche mit einem Stickstoff- und einem Heteroatom höherer Elektronegativität. Außerdem ist zu beachten, daß sich das symmetrische resonanzstabilisierte Kation **3.7a,b** bildet.

Die Aussage, daß Oxazol einen pK_a-Wert von 0.8 hat, bedeutet, daß die **protonierte Form** von Oxazol eine sehr starke Säure ist. Demzufolge ist Oxazol (als freie Base) tatsächlich eine sehr schwache Base.

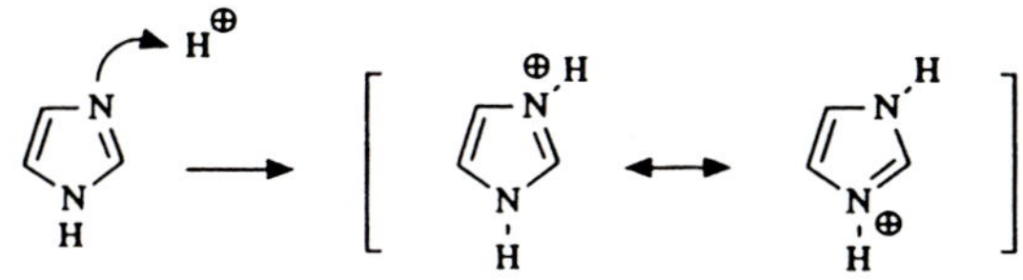

3.7a **3.7b**

Bestimmte substituierte Imidazole existieren überdies in zwei tautomeren Formen.

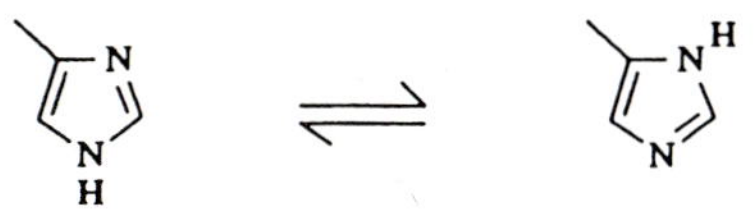

3.8 **3.9**

So liegt das oben gezeigte Imidazol als rasch äquilibrierendes Gemisch des 4-Methyl-**3.8** und 5-Methyl-Tautomeren **5.9** vor und wird als 4(5)-Methylimidazol bezeichnet. Es muß nochmals betont werden, daß sich Tautomerisierung und Resonanz völlig unterscheiden. Die mesomeren Darstellungen **3.7a,b** sind nicht ineinander umwandelbar wie die Tautomeren **3.8** und **3.9**, sondern dienen nur als Mittel, die dazwischenliegende Hybridstruktur zu beschreiben.

3.2 Synthese von Oxazolen

Der retrosynthetische Bindungsbruch der Kohlenstoff-Sauerstoffbindung im allgemeinen Oxazol **3.10** führt zum Iminoalkohol **3.11**, der besser in der Amidform **3.12** dargestellt wird.

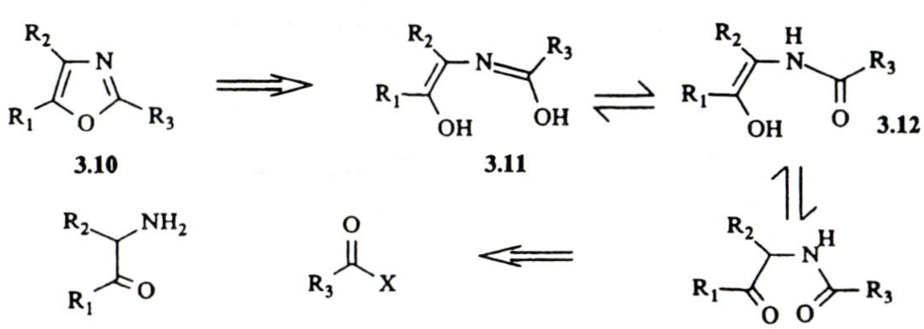

3.10 **3.11** **3.12** **3.15** **3.14** **3.13**

Durch analoge Tautomerisierung der Enolgruppe entsteht eine tatsächliche Zwischenstufe **3.13**, aus der durch Aufspaltung der Amidbindung das Aminoketon **3.15** und eine acylierende Species **3.14,** z.B. ein Säurechlorid, erhalten wird. Das umgekehrte Verfahren, die Cyclokondensation von Amiden **3.13** zu Oxazolen **3.10**, ist als Robinson-Gabriel-Synthese bekannt.

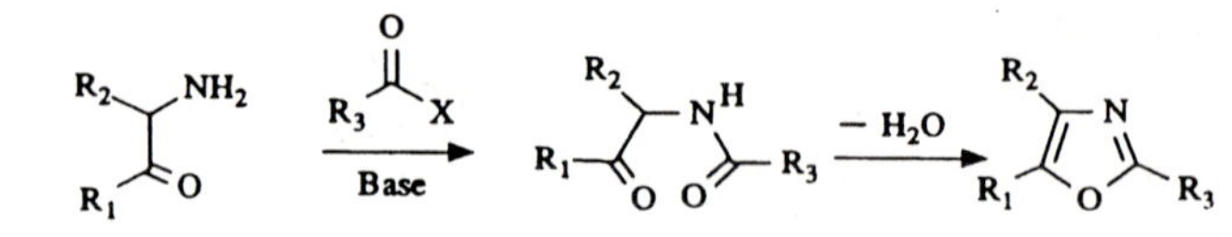

3.15 3.13 3.10

Praktisch läßt sich die Dehydratisierung mit einer Reihe von Säuren oder Säurechloriden, z. B. Phosphorsäure, Phosphoroxychlorid, Phosgen ($COCl_2$) oder Thionylchlorid, durchführen. Das folgende Beispiel zeigt den Mechanismus für Thionylchlorid, der über die Aktivierung des Amids zum Imidoylhalogenid **3.16** und einen anschließenden intramolekularen Angriff durch die Enolform des Ketons verläuft.

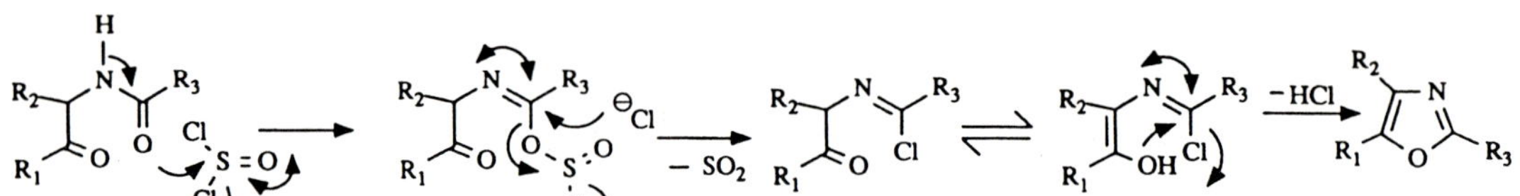

3.13 3.16 3.10

Die Aminoketone selbst können durch zahlreiche Methoden hergestellt werden. Die Synthese des entzündungshemmenden Mittels **3.23** ist ein typischer Reaktionsweg.

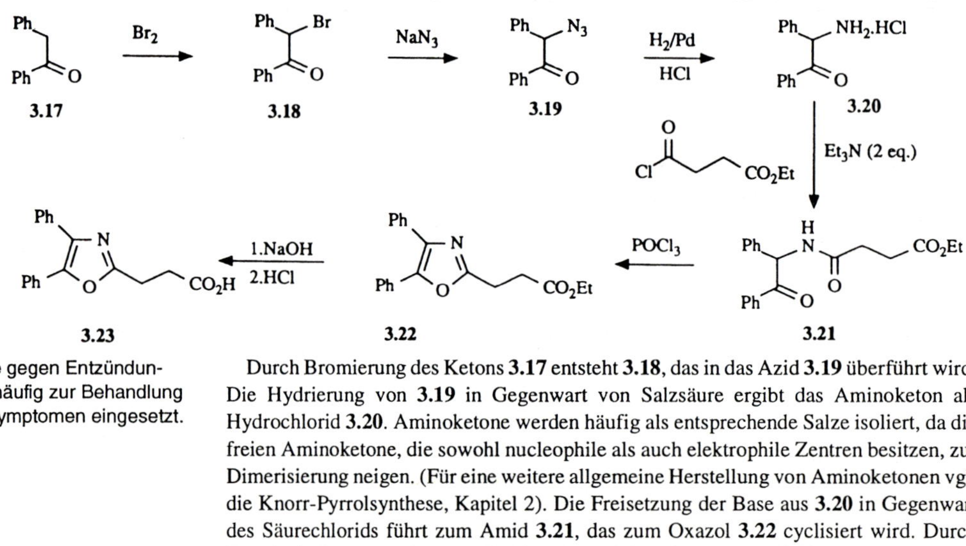

3.23 3.22 3.21

Medikamente gegen Entzündungen werden häufig zur Behandlung von Arthritissymptomen eingesetzt.

Durch Bromierung des Ketons **3.17** entsteht **3.18**, das in das Azid **3.19** überführt wird. Die Hydrierung von **3.19** in Gegenwart von Salzsäure ergibt das Aminoketon als Hydrochlorid **3.20**. Aminoketone werden häufig als entsprechende Salze isoliert, da die freien Aminoketone, die sowohl nucleophile als auch elektrophile Zentren besitzen, zur Dimerisierung neigen. (Für eine weitere allgemeine Herstellung von Aminoketonen vgl. die Knorr-Pyrrolsynthese, Kapitel 2). Die Freisetzung der Base aus **3.20** in Gegenwart des Säurechlorids führt zum Amid **3.21**, das zum Oxazol **3.22** cyclisiert wird. Durch Esterhydrolyse entsteht dann die biologisch aktive Carbonsäure **3.23**.

3.3 Synthese von Imidazolen

Obwohl es mehrere Herstellungsverfahren für Imidazole gibt, ist keine Methode herausragend. Eine zweckmäßige Synthese ist die Kondensation einer 1,2-Dicarbonylverbindung mit Ammoniumacetat und einem Aldehyd, wie beispielsweise bei der Herstellung des Imidazols **3.25**.

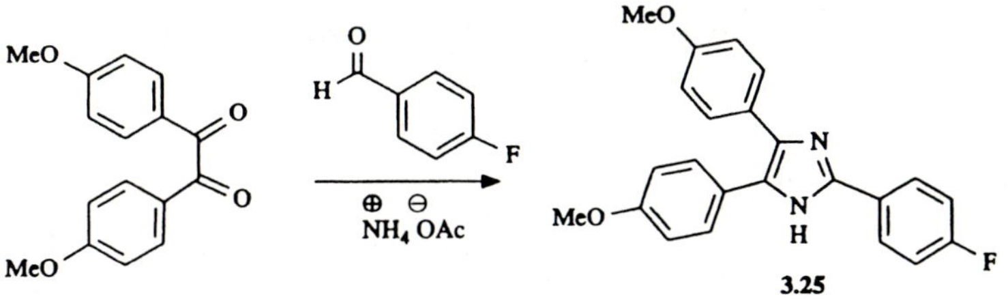

3.25

Der Mechanismus läßt sich mit einem Cyclokondensationsprozeß zu **3.24** und anschließender irreversibler Tautomerisierung zu **3.25** erklären.

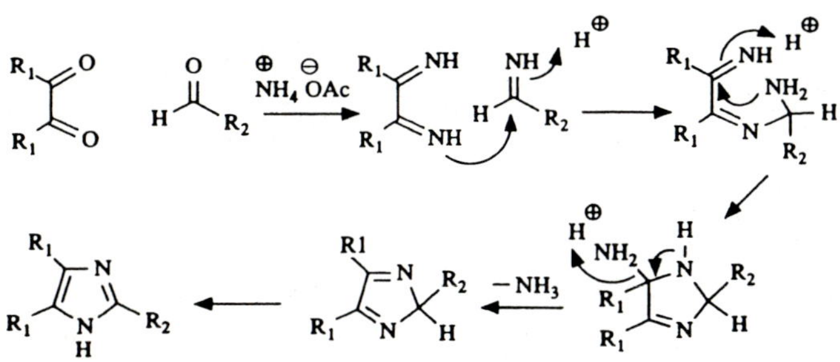

3.25 **3.24**

3.4 Synthese von Thiazolen

Retrosynthetischer Bindungsbruch der Stickstoff-Kohlenstoffbindung im Thiazol **3.26** führt formal zum Enol **3.27**, dem Äquivalent des Ketons **3.28**. Dieses kann aus dem Halogenketon **3.29** und dem Thioamid **3.30** erhalten werden.

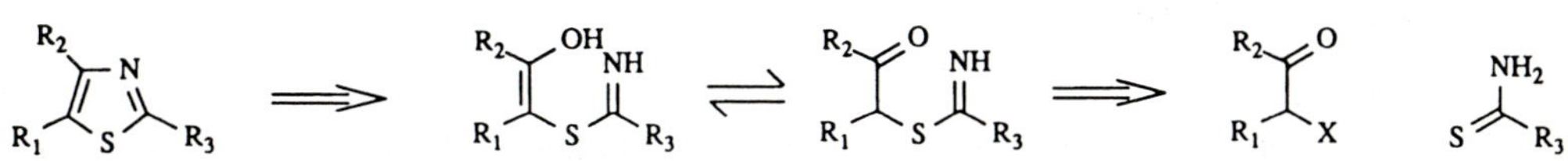

3.26 **3.27** **3.28** **3.29** **3.30**

X=Cl,Br,I

Das umgekehrte Verfahren ist die Hantzsch-Synthese der Thiazole, die trotz ihres Alters (sie ist etwa 100 Jahre alt) noch sehr häufig angewendet wird.

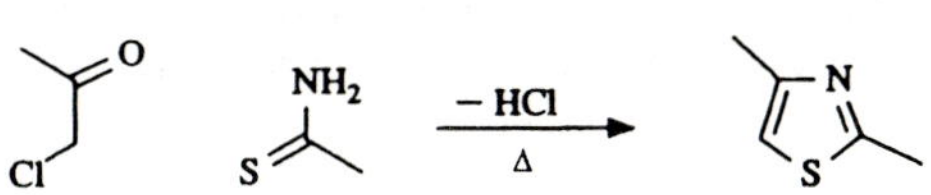

3.31

Der Mechanismus für die Bildung des Thiazols **3.31** besteht aus dem anfänglichen nucleophilen Angriff durch den Schwefel und anschließender Cyclokondensation.

Thiocarbonylverbindungen sind aufgrund der verglichen mit Sauerstoff niedrigeren Elektronegativität des Schwefels wesentlich nucleophiler als Carbonylverbindungen.

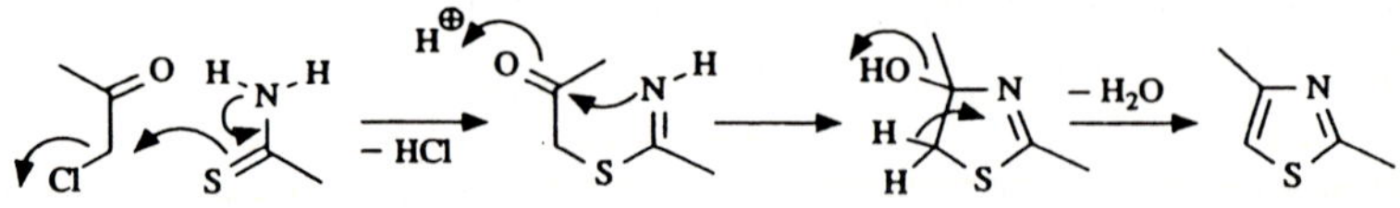

3.31

Eine geeignete Herstellung für die Thioamide selbst ist die Umsetzung der entsprechenden Amide mit Phosphor(V)-sulfid (vgl. die Paal-Knorr-Synthese von Thiophenen, Kapitel 2, für diese Art der Umwandlung). Eine Variante der Hantzsch-Reaktion verwendet Thioharnstoffe, wobei R_3 in **3.30** kein Kohlenstoff-, sondern ein Stickstoffsubstituent ist. Thioharnstoff selbst wird beispielsweise bei der Herstellung von 2-Aminothiazolen wie **3.32** eingesetzt.

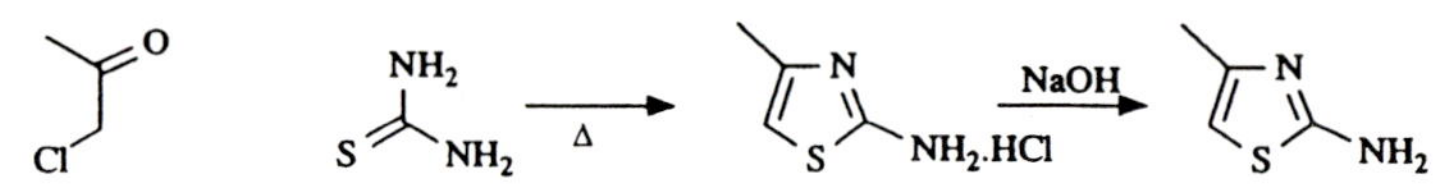

3.32

3.5 Elektrophile Substitution von Oxazolen, Imidazolen und Thiazolen

Wie beim Pyridin zieht das elektronegative Stickstoffatom von Azolen nicht nur die Elektronendichte aus dem Ring ab, sondern wird unter den sauren Bedingungen vieler elektrophiler Reaktionen auch protoniert. Das Azoliumkation ist gegenüber einem weiteren Angriff durch ein positiv geladenes Elektrophil verhältnismäßig inert.

Aufgrund der desaktivierenden Wirkung des Pyridin-ähnlichen Stickstoffatoms sind die 1,3-Azole gegenüber einem elektrophilen Angriff nicht sehr reaktiv. Elektronendonorgruppen können jedoch den elektrophilen Angriff erleichtern, wie die Herstellung der Oxazole **3.34** und **3.35** zeigt. Das Dimethylamino-oxazol **3.33** reagiert bei dieser Umsetzung im wesentlichen wie ein Enamin.

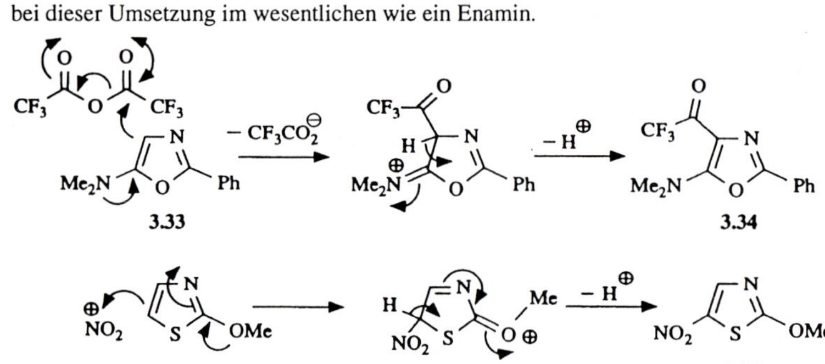

3.33 3.34

3.35

Imidazol läßt sich unter verschärften Bedingungen nitrieren, wobei die Nitrierung bemerkenswerterweise am Imidazolium-Kation **3.7a,b** stattfindet und nach Abspaltung von zwei Protonen das Nitroimidazol **3.36** ergibt.

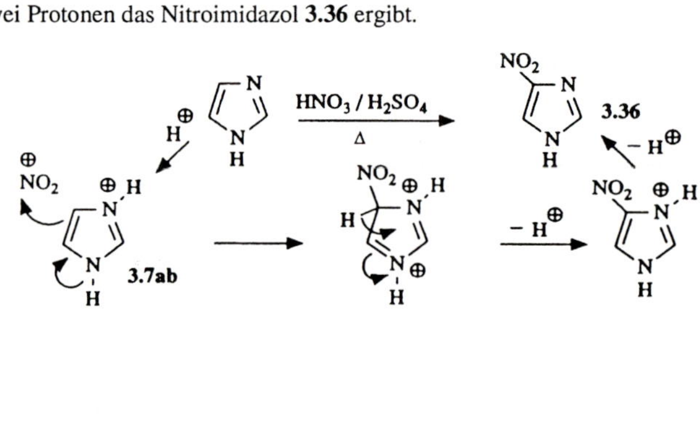

3.6 Chemie der Anionen von Oxazolen, Imidazolen und Thiazolen

Die C2-Position der 1,3-Azole ist aufgrund des elektronenanziehenden Effekts der benachbarten Heteroatome besonders elektronenarm. Die Protonen an diesen Positionen sind so acid, daß mit starken Basen die Deprotonierung zu nucleophilen Carbanionen **3.37** gelingt; diese können mit Elektrophilen zu substituierten 1,3-Azolen **3.38** abgefangen werden.

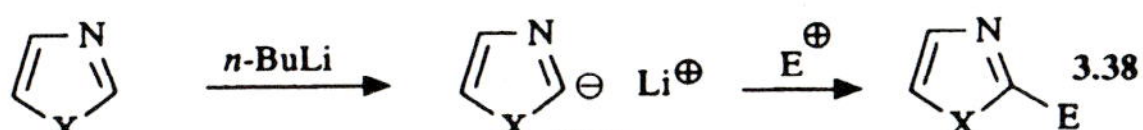

3.37 3.38

Auf ähnliche Weise lassen sich Alkylgruppen in C2-Stellung (aber nicht die C4- oder C5-Position) zu den Carbanionen **3.39a,b** deprotonieren, die ebenfalls mit Elektrophilen unter Bildung der 1,3-Azole **3.40** abgefangen werden können.

Zwischen dem resonanzstabilisierten Anion **3.39a,b** und einem Esterenolat-Anion gibt es eine hilfreiche Analogie. In beiden Fällen kann die negative Ladung auf ein Heteroatom delokalisiert werden.

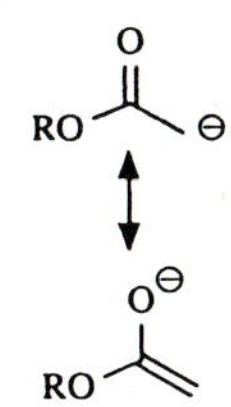

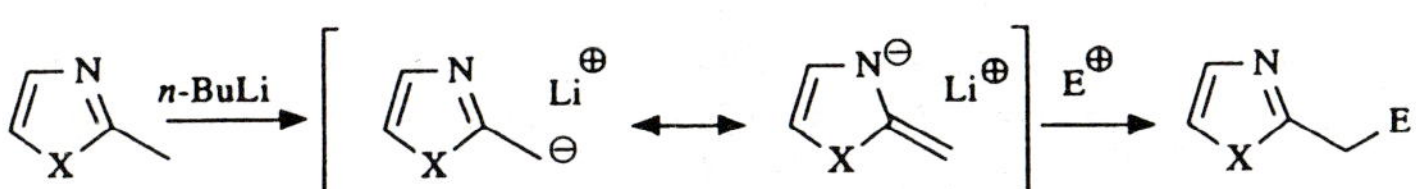

X=O,NR,S 3.39a 3.39b 3.40

Nachfolgend sind einige Beispiele für die beiden oben genannten Reaktionsarten aufgeführt.

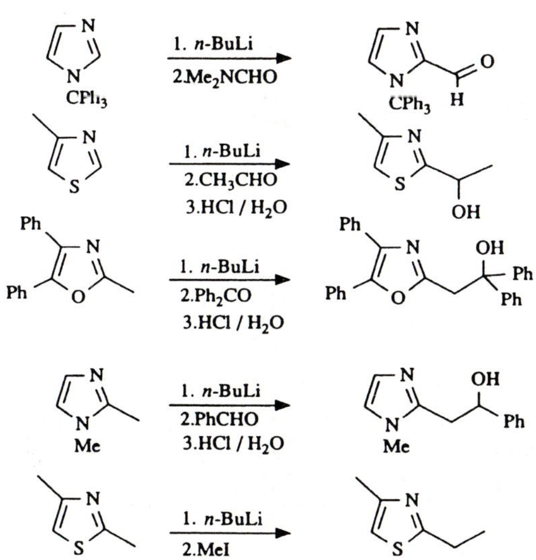

3.7 Nucleophile aromatische Substitution von Oxazolen, Imidazolen und Thiazolen

Im vorangegangenen wurden die verglichen mit Furan, Pyrrol und Thiophen geringere Reaktivität von Oxazol, Imidazol und Thiophen gegenüber Elektrophilen besprochen, die aus dem Vorliegen des Pyridin-ähnlichen Stickstoffatoms resultiert. Dieses Verhalten wird von einer zunehmenden Reaktivität gegenüber Nucleophilen begleitet. Ein nucleophiler Angriff auf Furan-, Pyrrol- und Thiophenderivate findet nur dann statt, wenn zusätzlich eine aktivierende Gruppe vorhanden ist wie bei der Substitutionsreaktion zum Thiophen **3.41**.

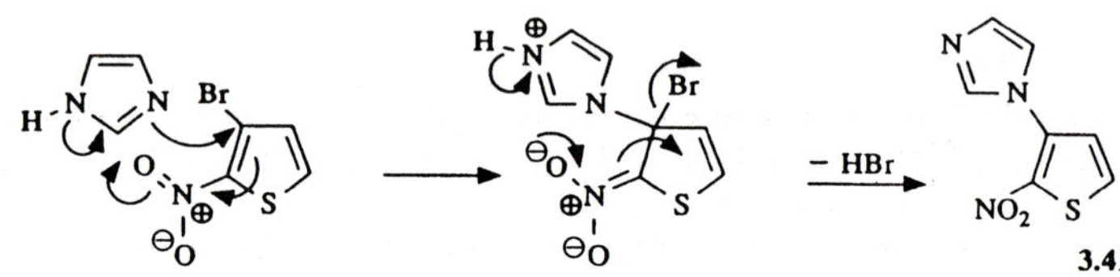

3.41

Bei dieser Reaktion, aus der auch hervorgeht, daß Imidazol ein gutes Nucleophil ist, spielt die Nitrogruppe als Elektronenacceptor eine Schlüsselrolle. Bei 2-Halogen-1,3-azolen ist jedoch keine Aktivierung erforderlich, sie reagieren mit Nucleophilen z.B. zu **3.42** und **3.43**.

Auch hier gibt es Parallelen zwischen dieser Reaktivität und bestimmten Eigenschaften der Carbonylchemie. Vgl. hierzu die nachstehende Reaktion von Anilin mit Chlorameisensäureestern.

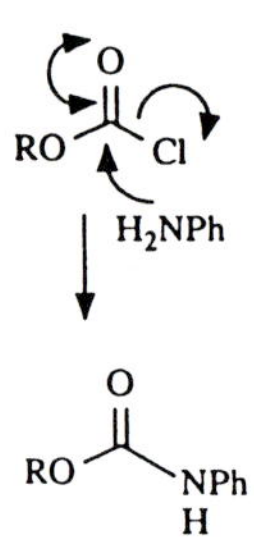

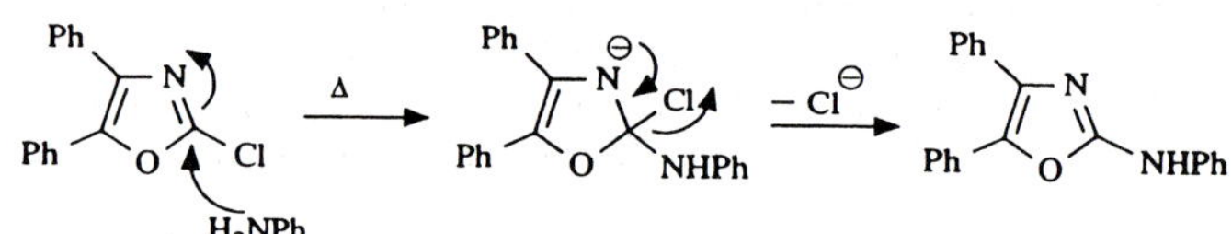

3.42

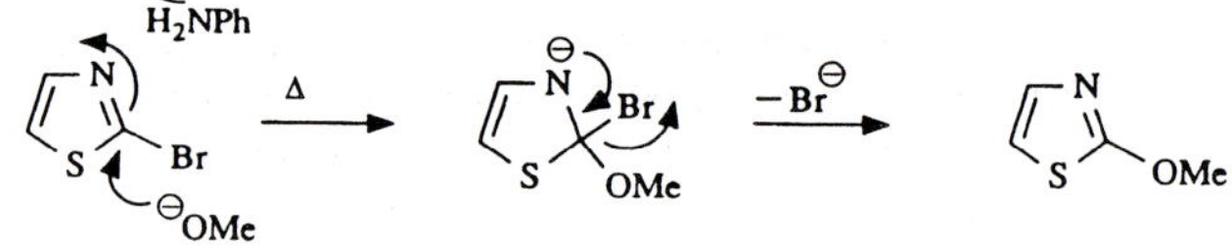

3.43

3.8 Übungen

1. Schlagen Sie für das Oxazol **3.33** eine Synthese vor.

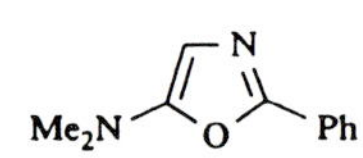

3.33

2. Die Kondensation von Bromketonen mit Amiden ist eine weniger gebräuchliche Synthese für Oxazole. Nach welchem Mechanismus wird das Oxazol **3.44** gebildet? In welcher Beziehung steht **3.44** zu dem Oxazol, das aus demselben Bromketon durch Überführung in das entsprechende Aminoketon, N-Formylierung und Cyclokondensation hergestellt werden könnte?

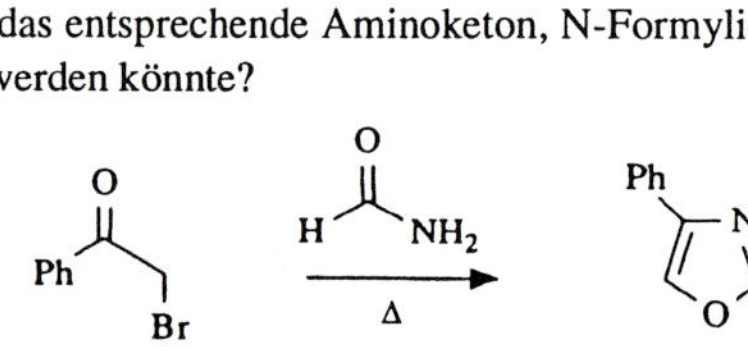

3.44

3. Die Carbonsäure **3.46** fand bei der Herstellung halbsynthetischer Penicilline und Cephalosporine breite Anwendung. Schlagen Sie für **3.46** eine Synthese, ausgehend von dem Ester **3.45**, vor.

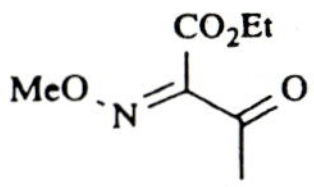

3.45

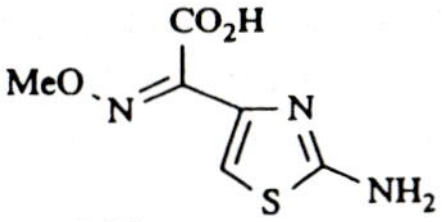

3.46

3.9 Literatur

Campbell, M.M. (1979). In *Heterocyclic chemistry* (Hrsg. P.G. Sammes) (*Comprehensive organic chemistry*, Vol. 4, Hrsg. D. Barton und W.D. Ollis), S. 962 (Oxazole) und S. 967 (Thiazole). Pergamon Press, Oxford.

Furniss, B.S., Hannaford, A.J., Smith, P.W.G. und Tatchell, A.R. (1989). *Vogel's textbook of practical organic chemistry* (5. Aufl.), S. 1153 (Herstellung des Aminothiazols **3.32**). Longman, Harlow.

Grimmett, M.R. (1970). *Adv. heterocyclic chem.*, **12**, 103 (Imidazole)

Grimmett, M.R. (1979). In *Heterocyclic chemistry* (Hrsg. P.G. Sammes) (*Comprehensive organic chemistry*, Vol. 4, Hrsg. D. Barton und W.D. Ollis), S. 357 (Imidazole). Pergamon Press, Oxford.

Grimmett, M.R. (1980). *Adv. heterocyclic chem.*, **27**, 241 (Imidazole).

Lakhan, R. und Ternai, B. (1974). *Adv. heterocyclic chem.*, **17**, 99 (Oxazole).

Metzger, J.V. (1979). In *Thiazole and its derivatives* (*The chemistry of heterocyclic compounds* [Hrsg. A. Weissburger und E.C. Taylor], Vol. 34). Wiley Interscience, New York.

Turchi, I.J. (1986). In *Oxazoles* (*The chemistry of heterocyclic compounds* [Hrsg. A. Weissburger und E.C. Taylor], Vol. 45). Wiley Interscience, New York.

Turchi, I.J. und Dewar, M.J.S. (1975). *Chem. rev.*, **75**, 389 (Oxazole).

4 Isoxazole, Pyrazole und Isothiazole

Isoxazol **4.1**, Pyrazol **4.2** und Isothiazol **4.3** sind die Stammverbindungen der Heterocyclenfamilie der 1,2-Azole, die im Fünfring ein Stickstoffatom und ein weiteres Heteroatom in 1,2-Beziehung aufweisen.

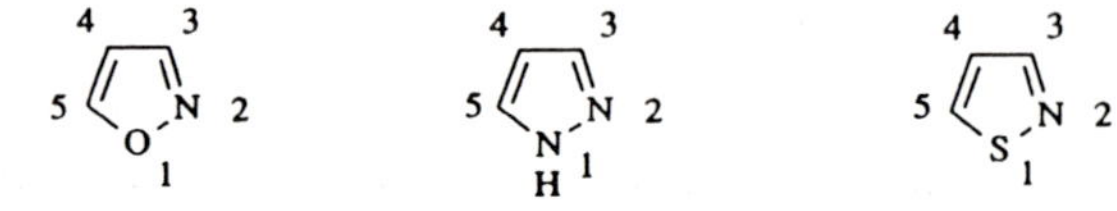

4.1 **4.2** **4.3**

Das aromatische Sextett wird durch Delokalisierung des freien Elektronenpaars vom zweiten Heteroatom vervollständigt, **4.4a-e**. Daher steht den 1,2-Azolen wie im Pyridin ein freies Elektronenpaar für die Protonierung zur Verfügung. Die 1,2-Azole sind jedoch aufgrund der elektronenanziehenden Wirkung des benachbarten Heteroatoms wesentlich weniger basisch als die 1,3-Azole. Isoxazol und Isothiazol sind im wesentlichen nichtbasische Heterocyclen (pK_as<0), und sogar Pyrazol (pK_a=2.5) ist eine viel schwächere Base als das entsprechende 1,3-Azol Imidazol (pK_a=7).

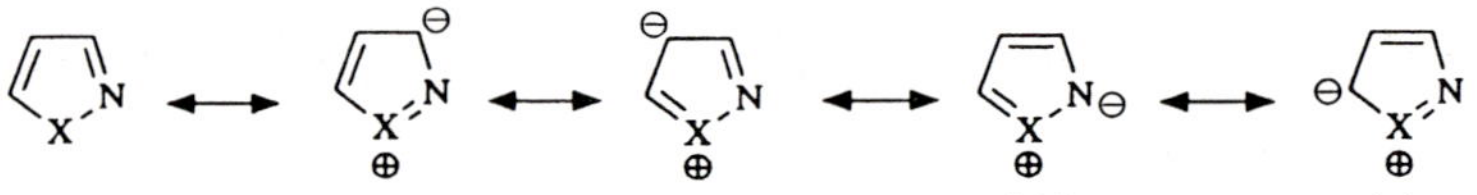

4.4a **4.4b** **4.4c** **4.4d** **4.4e**

X = O,NH,S

Substituierte Pyrazole können ebenso wie substituierte Imidazole als Tautomerengemische vorliegen. 5-Methylpyrazol **4.5** und 3-Methylpyrazol **4.6** existieren in Lösung als rasch äquilibrierendes Gemisch.

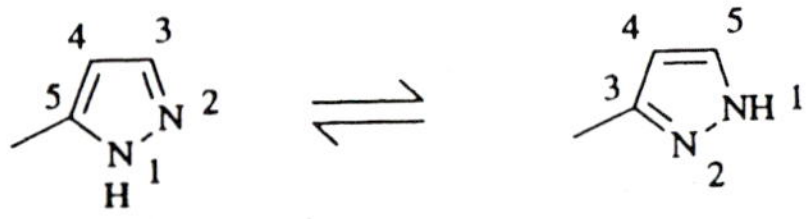

4.5 **4.6**

Obwohl es nur wenige Beispiele für natürlich vorkommende 1,2-Azole gibt, fanden viele totalsynthetisch hergestellte Derivate pharmazeutische Anwendung.

4.1 Synthese von Isoxazolen und Pyrazolen

Der retrosynthetische Bindungsbruch in einem allgemeinen 1,2-Azol **4.7** ergibt zunächst **4.8**, das als Keton **4.9** vorliegen würde. Dieses wiederum stammt zweifellos aus dem 1,3-Diketon **4.10**.

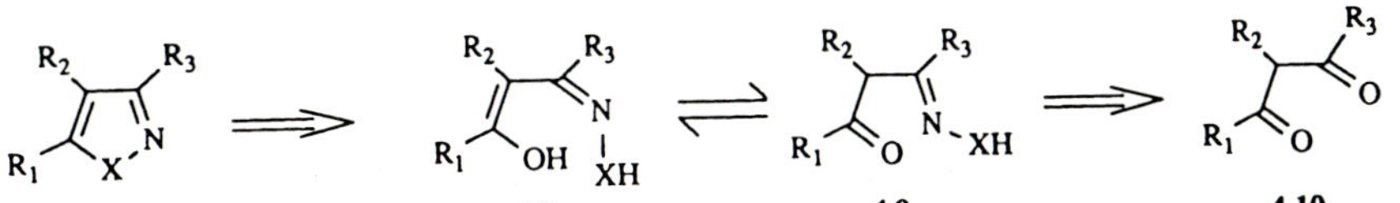

4.7 X=O,NH,S — **4.8** — **4.9** — **4.10**

4.11 H_2NOH
4.12 H_2NNH_2
4.13 H_2NSH

In der Praxis sind Hydroxylamin und Hydrazin weit reaktivere Nucleophile als aufgrund der Betrachtung einfacher physikalischer Parameter zu erwarten wäre. Die zunehmende Nucleophilie eines Heteroatoms bei Verknüpfung mit einem zweiten Heteroatom ist als α-Effekt bekannt. Für eine theoretische Rationalisierung des α-Effekts im Hinblick auf die Grenzorbitale vgl. Fleming, 1976.

Diese Analyse läßt darauf schließen, daß die Kondensation von **4.10** mit Hydroxylamin **4.11**, Hydrazin **4.12** oder Thiohydroxylamin **4.13** zum entsprechenden 1,2-Azol führen sollte. Dieser Zugang ist ein wichtiger Herstellungsweg für Isoxazole und Pyrazole, aber Thiohydroxylamin **4.13** ist – obwohl bekannt – für Synthesezwecke viel zu instabil. Die Synthese von Isothiazolen wird später kurz besprochen. Der umgekehrte Synthesemechanismus, anhand der Herstellung des Isoxazols **4.14** gezeigt, besteht einfach aus zwei aufeinanderfolgenden Kondensationen.

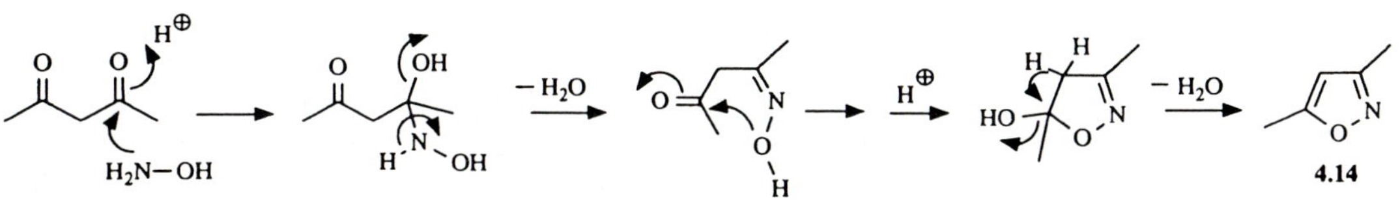

4.14

Zu beachten ist, daß bei der Kondensation von Hydroxylamin oder einem substituierten Hydrazin mit einem unsymmetrischen Keton (**4.10**, wobei R_1 und R_3 verschieden sind) Gemische der regioisomeren Isoxazole oder Pyrazole entstehen können. Ein einzelnes Regioisomer kann aber überwiegen, wenn die Tendenz dazu besteht.

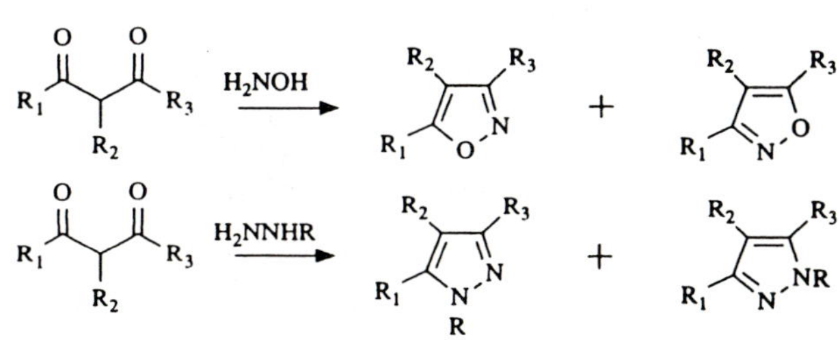

An dieser Stelle sind allgemeine Reaktionen von H_2NOH und H_2NNHR mit unsymmetrischen Diketonen wiedergegeben.

So verläuft die Herstellung des Isoxazols **4.17** praktisch regiospezifisch, da die Reaktion vom nucleophileren Heteroatom (d.h. Stickstoff) ausgeht und das elektrophilere Keton (durch den elektronenanziehenden induktiven Effekt der benachbarten Estergruppe aktiviert) angreift. Der Leser sollte sich die regiochemische Tendenz bei der Synthese des Isoxazols **4.15** und des Pyrazols **4.16** überlegen.

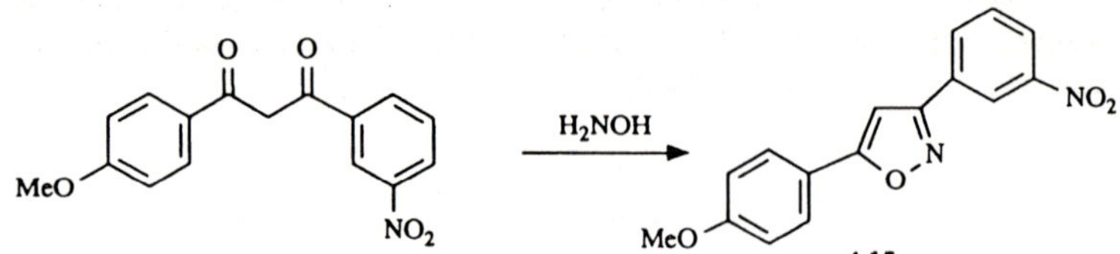

4.15

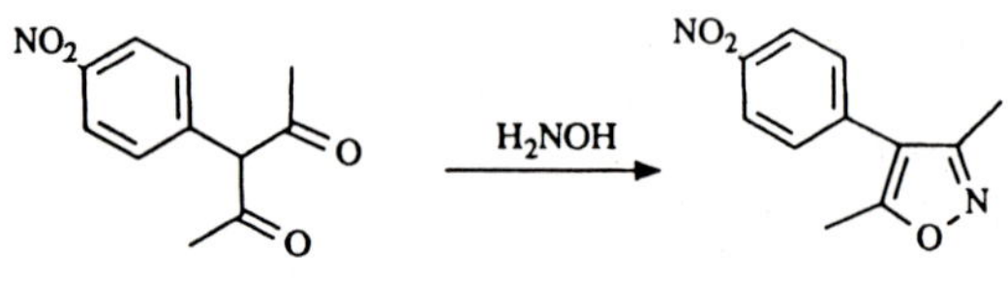

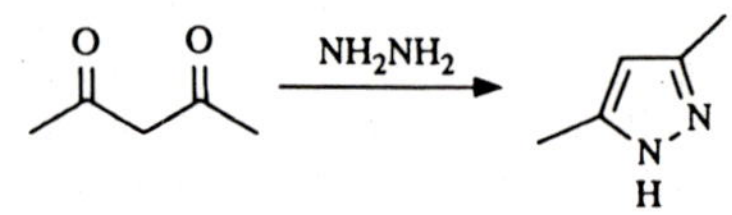

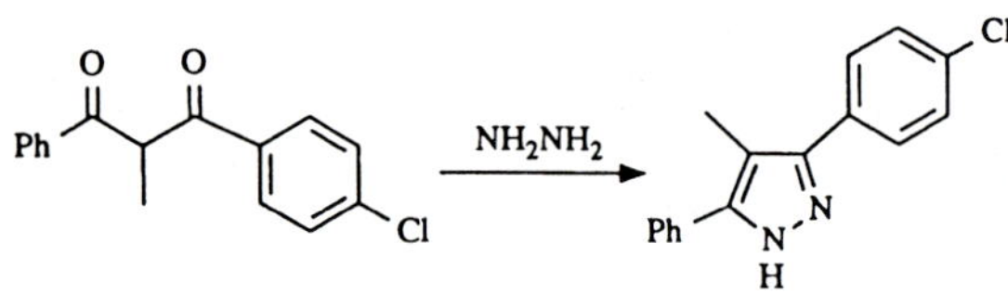

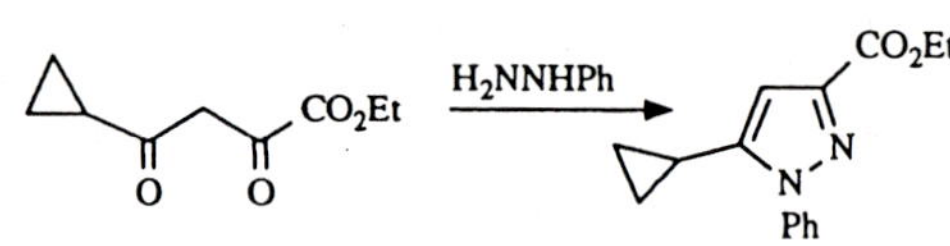

4.16

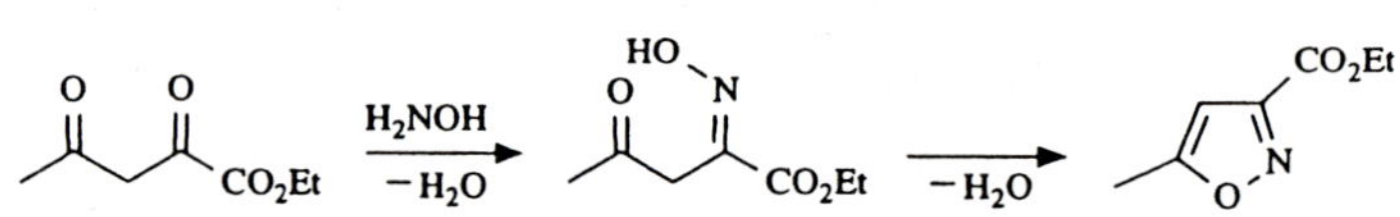

4.17

Die konzertierte [3+2]-Cycloaddition von Nitriloxiden **4.18** mit Alkinen **4.19** oder Alkinäquivalenten **4.20** ist eine weitere wichtige Synthese für Isoxazole.

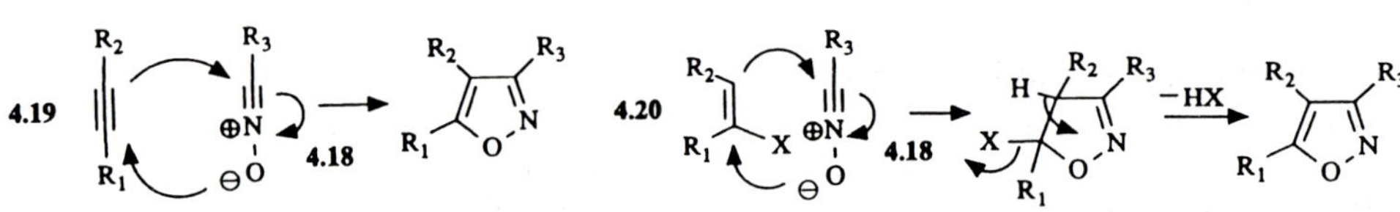

X=OAc,NMe$_2$,NO$_2$

Zahlreiche Nitriloxide sind bekannt (R3=H, Aryl, Alkyl, Ester, Halogenide usw.). Für die Herstellung einfacher Nitriloxide (R3=Alkyl, Aryl) ist die Oxidation des entsprechenden Oxims die Methode der Wahl:

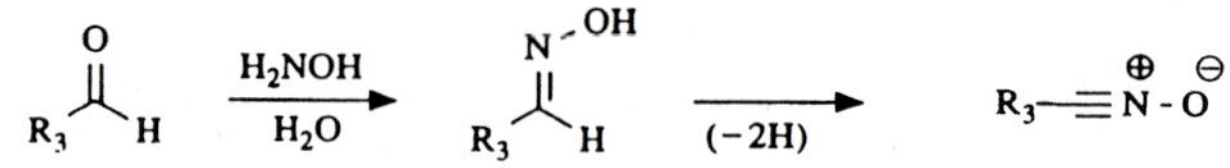

4.18

Dafür können verschiedene Oxidationsmittel verwendet werden (Bleitetraacetat, N-Bromsuccinimid, Chlor usw.). Nachfolgend ist der Mechanismus für die Oxidation mit alkalischem Natriumhypochlorit gezeigt.

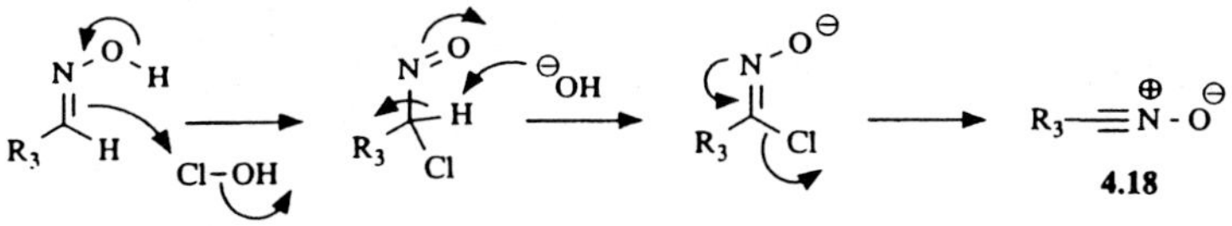

Betrachten wir nun die Synthese des Isoxazols **4.28**, einem Medikament zur Behandlung von Bronchialasthma. Das Isoxazolylketon **4.24** wird direkt durch Cycloaddition des instabilen Bromnitriloxids **4.22** (*in situ* durch Dehydrobromierung von **4.21** hergestellt) mit dem Acetylenketon **4.23** synthetisiert. Zu beachten ist die Regioselektivität dieser Reaktion. Sowohl Elektronendonorgruppen als auch elektronenanziehende Substituenten an den Acetylenverbindungen nehmen bei diesen Cycloadditionen bevorzugt die C5- und nicht die C4-Position im Isoxazolendprodukt ein.

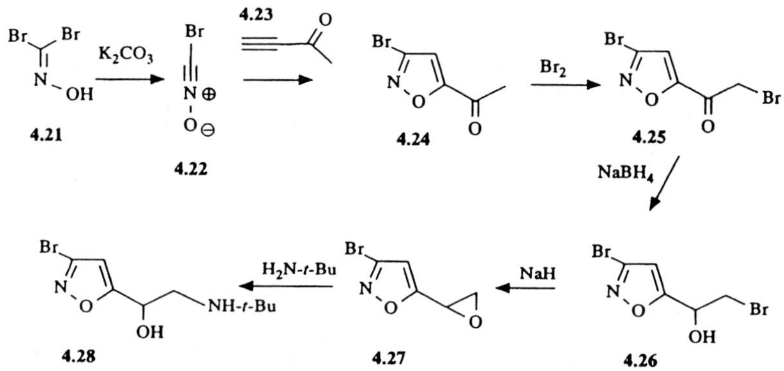

Die Bromierung des Ketons **4.24** ergibt das Bromketon **4.25**, das mit Natriumborhydrid zum Bromhydrin **4.26** reduziert wird. Durch Umsetzung mit einer starken Base bildet sich über die Alkoxid-Zwischenstufe das Epoxid **4.27**. Durch nucleophile Ringöffnung dieses Epoxids an der sterisch am wenigsten gehinderten Position entsteht das gewünschte Medikament **4.28**.

4.2 Synthese von Isothiazolen

Isothiazole werden im allgemeinen durch Methoden hergestellt, bei denen die Stickstoff-Schwefel-Bindung im Cyclisierungsschritt geknüpft wird. Dieser wird häufig, wie bei der Umwandlung des Thioamids **4.29** in das Isothiazol **4.30,** durch eine Oxidation des Schwefelatoms eingeleitet.

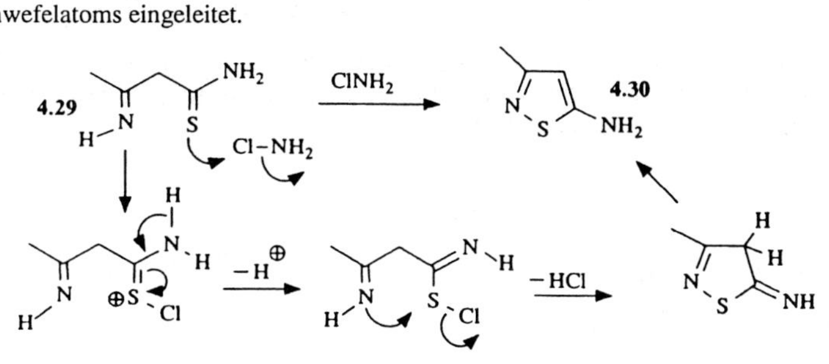

4.3 Elektrophile Substitution von Isoxazolen, Pyrazolen und Isothiazolen

Durch das Vorliegen eines Pyridin-ähnlichen Stickstoffatoms sind die 1,2-Azole gegenüber einer elektrophilen Substitution deutlich weniger reaktiv als Furan, Pyrrol und Thiophen. (Der gleiche Effekt wurde für die 1,3-Azole in Kapitel 3 beschrieben). Dennoch ist die elektrophile Substitution von 1,2-Azolen bekannt, sie tritt hauptsächlich in C4-Stellung ein. Diese Selektivität erinnert an die Chemie von Pyridin, bei der die Position *meta* zum elektronegativen Stickstoffatom am wenigsten desaktiviert ist (vgl. Kapitel 5).

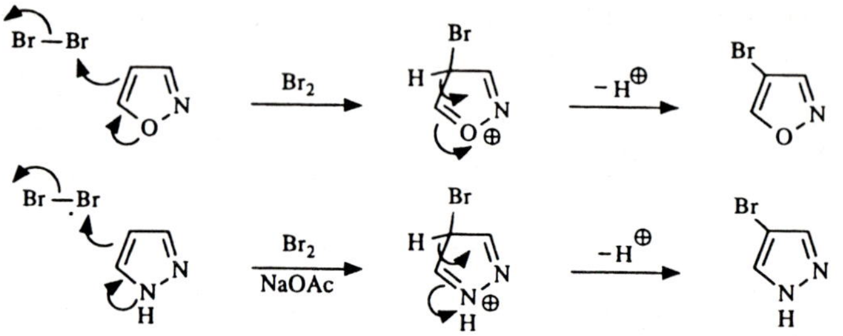

Auch Nitrierungen und Sulfonierungen von 1,2-Azolen finden unter energischen Bedingungen statt, wie die Herstellung von 4-Nitropyrazol **4.31** zeigt.

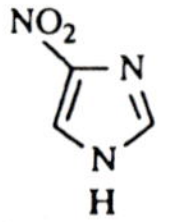

3.36

Vgl. die verwandte Herstellung des Nitroimidazols **3.36**.

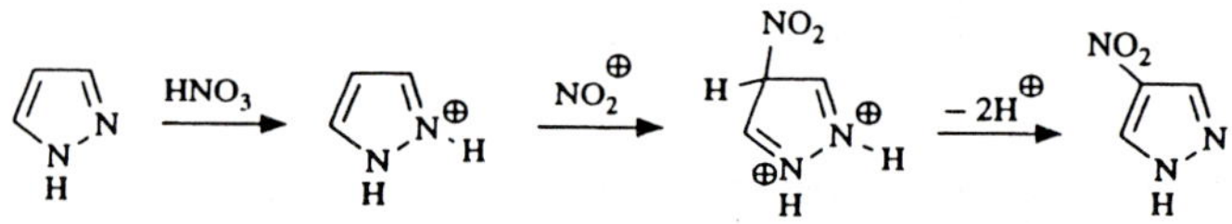

4.31

Wie bereits für andere elektronenarme Heterocyclen beschrieben wurde, unterstützt eine Elektronendonorgruppe die elektrophile Substitution, z.B. die glatte Bromierung des Aminoisothiazols **4.32**.

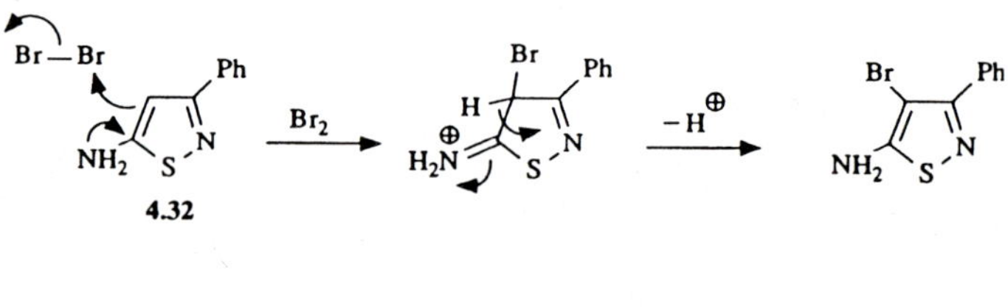

4.32

4.4 Chemie der Anionen von Isoxazolen, Pyrazolen und Isothiazolen

Isothiazole und am Stickstoff blockierte Pyrazole lassen sich mit Alkyllithiumreagentien in C5-Stellung deprotonieren; die entstehenden Carbanionen können wie bei der Herstellung von **4.33** und **4.34** durch zahlreiche Elektrophile abgefangen werden.

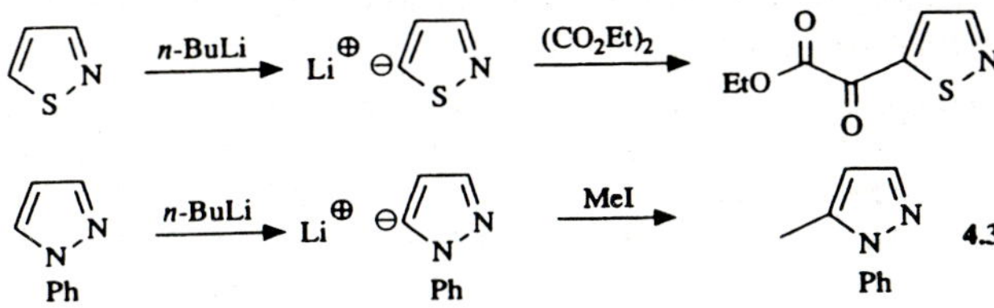

4.33

4.34

Diese zweckmäßige Methodik (sie ergänzt die C4-Selektivität der normalen elektrophilen Substitution) ist auf Isoxazole nicht anwendbar, da die intermediären Anionen (z.B. **4.35**) ziemlich instabil sind und sich durch Aufbrechen der Sauerstoff-Stickstoff-Bindung zersetzen.

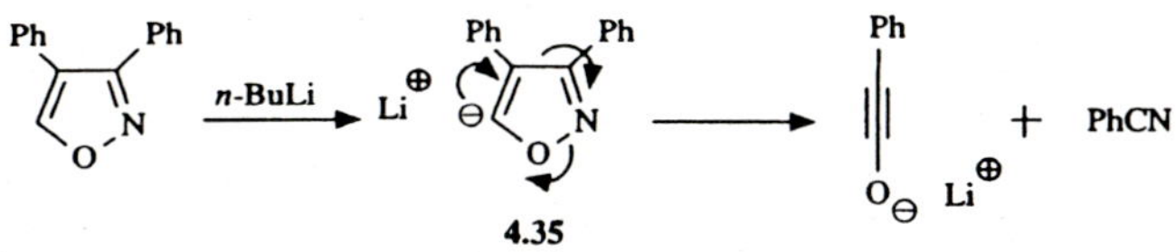

4.35

Alkylgruppen in der C5-Stellung von Isoxazolen können jedoch deprotoniert und mit Elektrophilen umgesetzt werden.

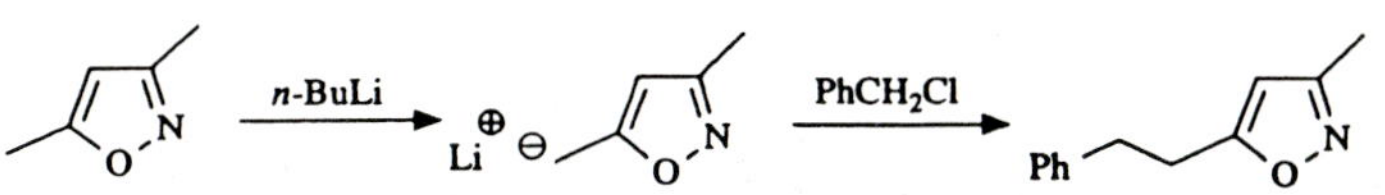

Bemerkenswert ist die Analogie zu den Anionen von Crotonsäureestern .

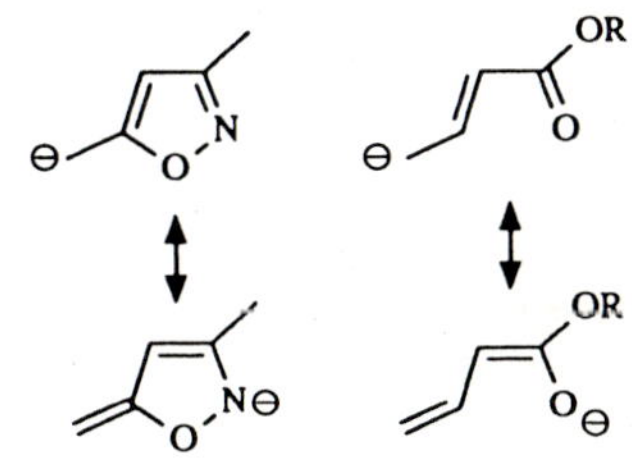

Das Dimethylisoxazol **4.14** wird selektiv an der C5-Methylgruppe, d.h. näher am elektronegativeren Sauerstoffatom, deprotoniert. Obwohl die einfache Deprotonierung keinen Zugang zu einer C4-Substitution dieses Systems liefert, kann das C4-Carbanion auf einem Umweg erzeugt werden. Die Bromierung von **4.14** ergibt das C4-funktionalisierte Isoxazol **4.36**. Durch Metall-Halogen-Austausch mit *n*-Butyllithium bei niedriger Temperatur (–78 °C) entsteht das Carbanion **4.37**, das mit Elektrophilen zu Isoxazolen wie **4.38** reagiert.

1,3,5-Trimethylpyrazol wird interessanterweise an der N-Methylgruppe deprotoniert, wodurch die Reaktion mit Elektrophilen an dieser Position erleichtert ist.

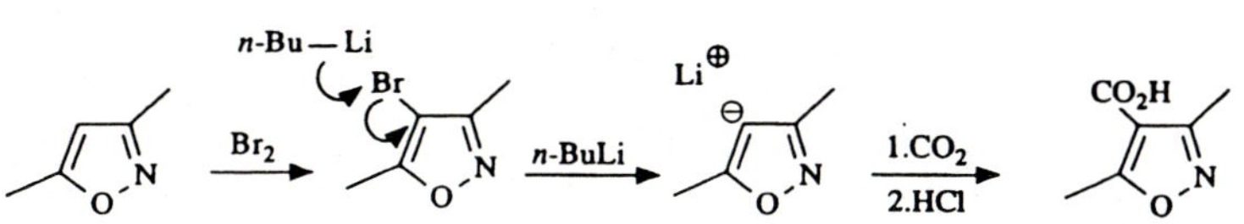

4.14 4.36 4.37 4.38

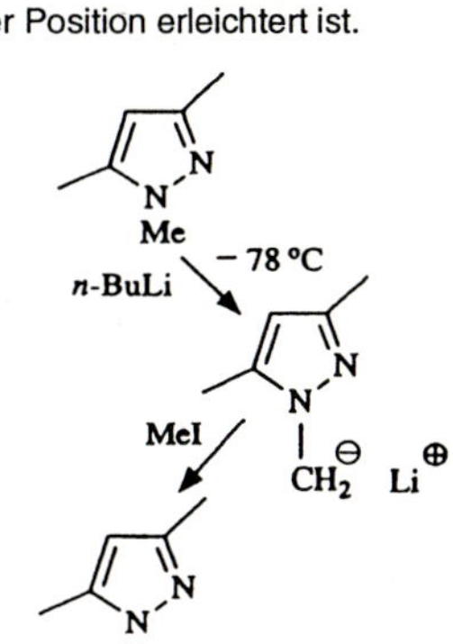

4.5 Übungen

1. Nach welchem Mechanismus bildet sich das Isothiazolon **4.39**?

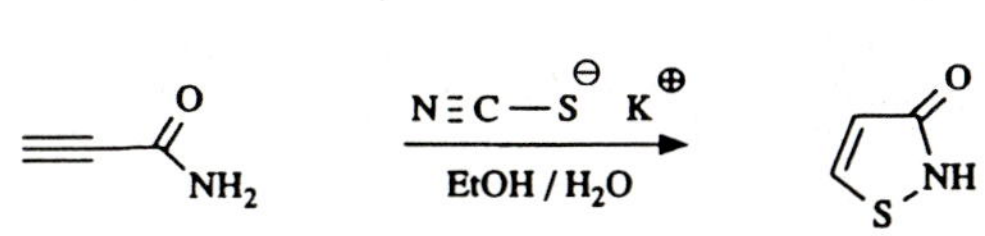

4.39

2. Welche allgemeine Methode könnte dazu verwendet werden, Pyrazol in den Alkohol **4.40**, einen wirksamen Inhibitor der Steroidbiosynthese, zu überführen?
((Formel 34-1))

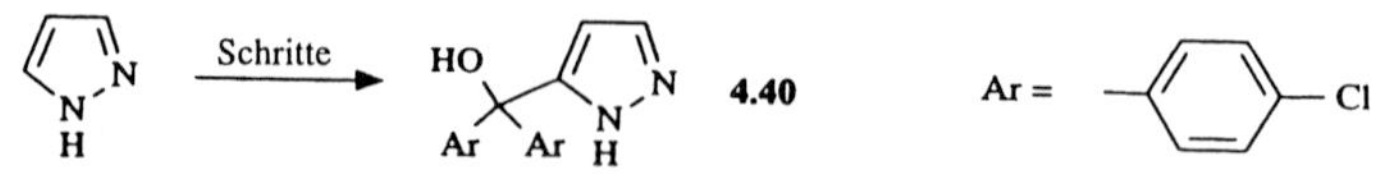

4.40

3. Welches Produkt entsteht bei der Oxidation von **4.41**?

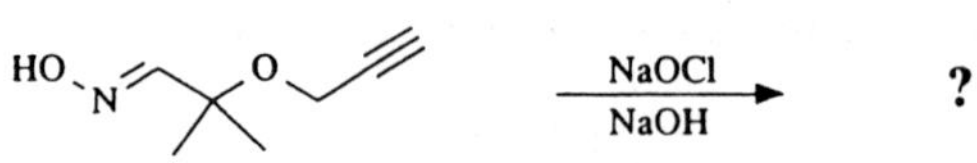

4.41

4. Im folgenden ist die Synthese von 2-Cyanocyclohexanon **4.45** aus Cyclohexanon gezeigt. Die Formylierung von Cyclohexanon führt zu einem Gemisch der Keto-Enol-Tautomeren **4.42** und **4.43**, wobei das Gleichgewicht auf Seiten des Enols **4.42** liegt. Durch Umsetzung mit Hydroxylamin entsteht das Isoxazol **4.44**, aus dem durch basen-induzierte Fragmentierung des Isoxazolrings **4.45** erhalten wird. Erklären Sie die Regio-selektivität der Isoxazolbildung und den Mechanismus der Fragmentierung.

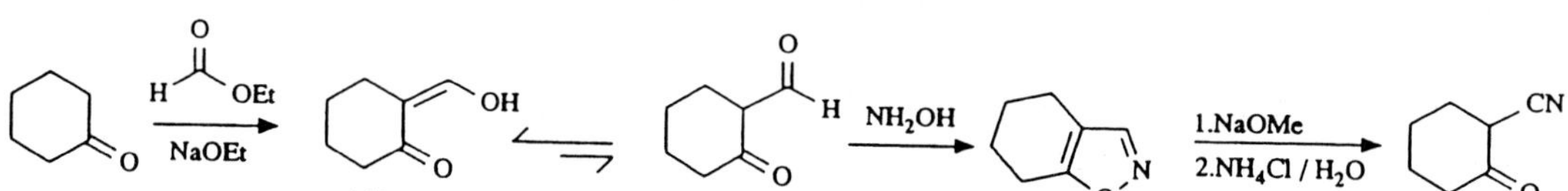

4.42 **4.43** **4.44** **4.45**

4.6 Literatur

Campbell, M.M. (1979). In *Heterocyclic chemistry* (Hrsg. P.G. Sammes) (*Comprehensive organic chemistry*, Vol. 4, Hrsg. D. Barton und W.D. Ollis), S. 993 (Isoxazole) und S. 1009 (Isothiazole). Pergamon Press, Oxford.

Fleming, I. (1976). *Frontier orbitals and organic chemical reactions,* S. 77. Wiley, Chichester.

Furniss, B.S., Hannaford, A.J., Smith, P.W.G. und Tatchell, A.R. (1989). In *Vogel's textbook of practical organic chemistry* (5. Aufl.), S. 1149 (Herstellung von 3,5-Dimethylpyrazol). Longman, Harlow.

Grimmett, M.R. (1979). In *Heterocyclic chemistry* (Hrsg. P.G. Sammes) (*Comprehensive organic chemistry*, Vol. 4, Hrsg. D. Barton und W.D. Ollis), S. 357 (Pyrazole). Pergamon Press, Oxford.

Kochetkov, N.K. und Sokolov, S.D. (1963). *Adv. heterocyclic chem.*, **2**, 365 (Isoxazole).

Kost, A.N. und Grandberg, I.I. (1966). *Adv. heterocyclic chem.*, **6**, 347 (Pyrazole).

Slack, R. und Wooldridge, K.R.H. (1965). *Adv. heterocyclic chem.*, **4**, 107 (Isothiazole).

Wakefield, B.J. und Wright, D.J. (1979). *Adv. heterocyclic chem.*, **25**, 147 (Isoxazole).

5 Pyridine

5.1 Einführung

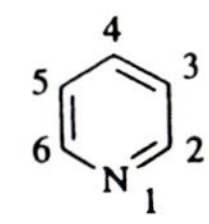

5.1

Pyridin **5.1** ist eine polare, mit organischen Lösungsmitteln und Wasser mischbare Flüssigkeit (Sdp. 115 °C). Formal entsteht es aus Benzol durch Austausch einer CH-Gruppe gegen ein Stickstoffatom. Pyridin ist ein hocharomatischer Heterocyclus, dessen Reaktionen sich aber von denen des Benzols durch den Einfluß des Heteroatoms deutlich unterscheiden. Das aromatische π-Elektronensextett ist ohne Beteiligung des freien Elektronenpaars am Stickstoff vollständig. Dies ist eine völlig andere Situation als bei Pyrrol (Kapitel 2), in dem das freie Elektronenpaar zum aromatischen Sextett gehört. Im Pyridin steht das freie Elektronenpaar daher für Bindungen zur Verfügung, ohne daß die Aromatizität des Ringes beeinträchtigt wird. Pyridin ist mäßig basisch (pK_a=5.2) und läßt sich mit Alkylierungsmitteln zu Pyridiniumsalzen **5.2** quaternisieren. Ferner bildet Pyridin mit Lewissäuren wie Schwefeltrioxid Komplexe. Der Komplex **5.3** dient als milde Quelle für Schwefeltrioxid bei Sulfonierungen (vgl. Kapitel 2).

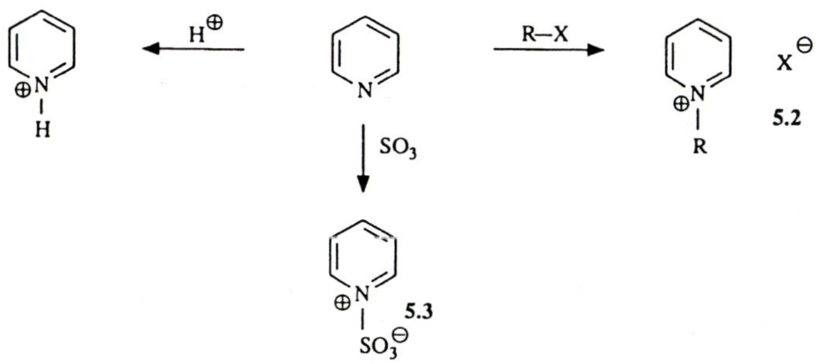

Aufgrund des Heteroatoms ist der Pyridinring gegenüber normalen elektrophilen aromatischen Substitutionen nur wenig reaktiv. Umgekehrt lassen Pyridine einen nucleophilen Angriff zu. Diese Themen werden später behandelt.

5.2 Synthese von Pyridinen

Die retrosynthetische Analyse des allgemeinen Pyridins **5.4** beginnt mit einer Änderung des Oxidationszustands unter Bildung des Dihydropyridins **5.5**. Dieses Molekül kann nun sehr leicht aufgespalten werden. Durch Aufbrechen der Kohlenstoff-Heteroatom-Bindungen auf dem üblichen Weg entsteht das Dienol **5.6**, das als Diketon **5.7** existiert. Die 1,5-Dicarbonylverbindung ist durch Michael-Reaktion eines Ketons **5.8** mit einem Enon **5.9** erhältlich, dieses wiederum ergibt sich aus der Kondensation des Aldehyds **5.10** mit dem Keton **5.11**.

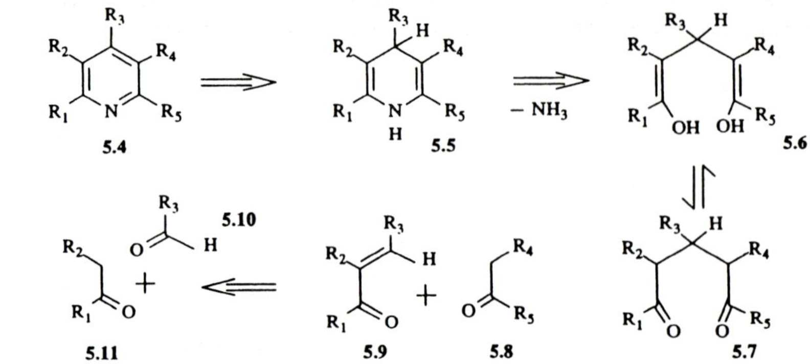

Diese Umsetzungen werden erleichtert, wenn R_2 und R_4 elektronenanziehende Gruppen, z.B. Ester, sind. Sind außerdem die Ketone **5.11** und **5.8** identisch, liegt die Basis für eine klassische Hantzsch-Pyridinsynthese vor.

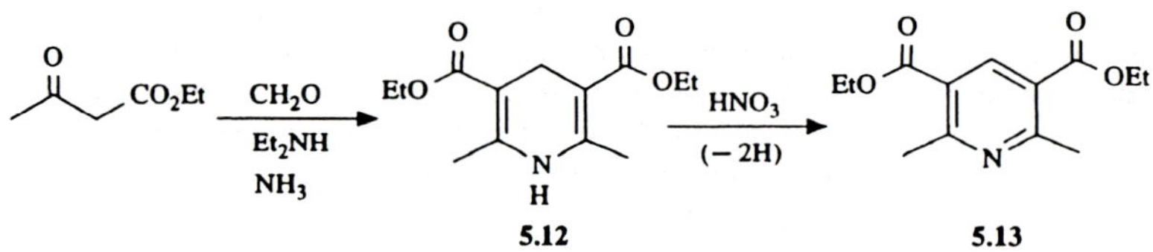

Beispielsweise führt die Kondensation von Acetessigester mit Formaldehyd und Ammoniak zum Dihydropyridin **5.12**, das mit Salpetersäure leicht zum Pyridin **5.13** oxidiert wird. Obwohl die genauen Einzelheiten dieser Mehrkomponentenkondensation nicht bekannt sind, ist nachstehend ein denkbarer Mechanismus wiedergegeben.

In diesem Beispiel sind R_2 und R_4 Ethylester, so daß das benachbarte Kohlenstoffatom in Wirklichkeit eine aktive Methylengruppe ist. Die höhere Acidität und damit auch Nucleophilie dieser Zentren erleichtert die Reaktionssequenz.

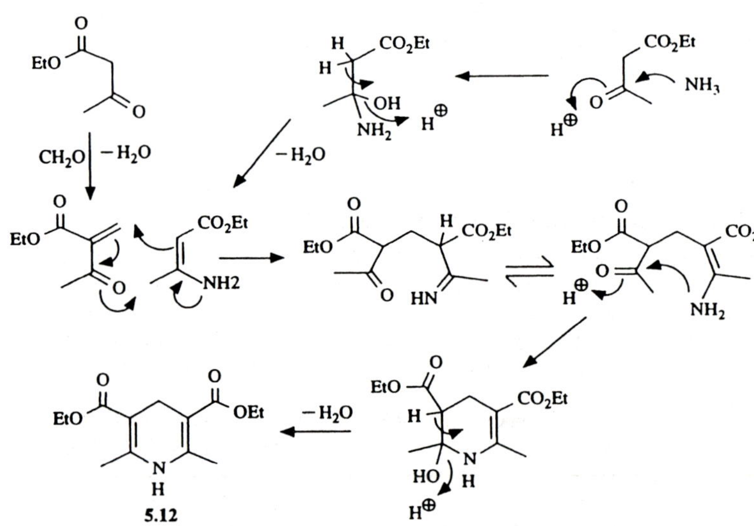

Einige Beispiele für Dihydropyridine, die nach dieser Methode hergestellt werden, sind hier gezeigt. (Der Student sollte überlegen, welche Aldehyde in jedem Einzelfall verwendet werden).

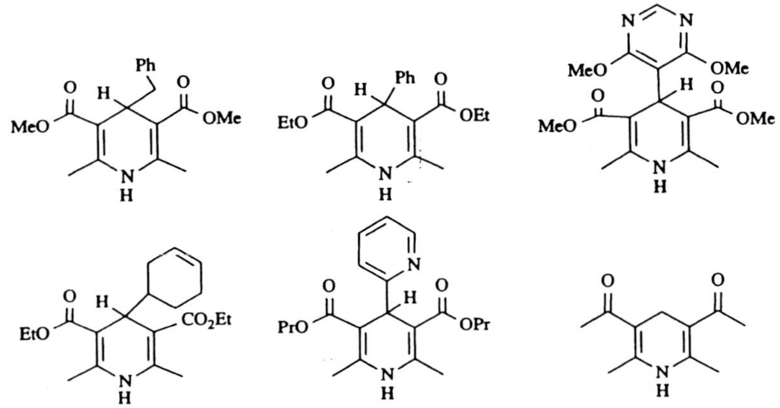

Diese Dihydropyridine sind nicht nur Zwischenstufen bei der Synthese von Pyridinen, sondern auch selbst eine wichtige Klasse der Heterocyclen. Beispielsweise ist das Dihydropyridin **5.14** ein Medikament zur Senkung des Blutdrucks. In der Synthese von **5.14** ist zu beachten, daß die stufenweise Führung der Hantzsch-Synthese die Herstellung eines unsymmetrisches Dihydropyridins mit einem Methyl- und einem Ethylester gestattet.

Aufgrund der Asymmetrie von **5.14** ist C4 ein stereogenes Zentrum. Das Produkt entsteht daher als racemisches Gemisch.

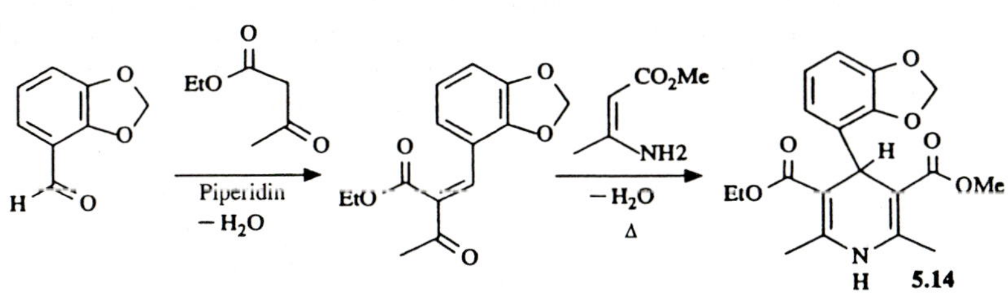

5.14

5.3 Elektrophile Substitution von Pyridinen

Pyridin ist gegenüber einer aromatischen elektrophilen Substitution praktisch inert. Betrachten wir die Nitrierung von Pyridin mit Salpetersäure. Zum ersten wird Pyridin als mittelstarke Base durch die Säure fast völlig protoniert, so daß es für einen elektrophilen Angriff viel weniger zugänglich ist. Zum zweiten verläuft die Addition des Elektrophils an die in Lösung vorhandene geringe Menge nichtprotonierten Pyridins nicht leicht.

Der Angriff des Elektrophils in C2- oder C4-Stellung führt zu einem intermediären Kation mit positiver Partialladung am elektronegativen Stickstoffatom. Dieses ist natürlich energetisch ungünstiger als eine C3-Substitution, bei der der Stickstoff keine positive Ladung trägt. Tatsächlich läßt sich nach erschöpfender Nitrierung von Pyridin das C3-Substitutionsprodukt, das Nitropyridin **5.15**, isolieren – allerdings nur in schlechter Ausbeute.

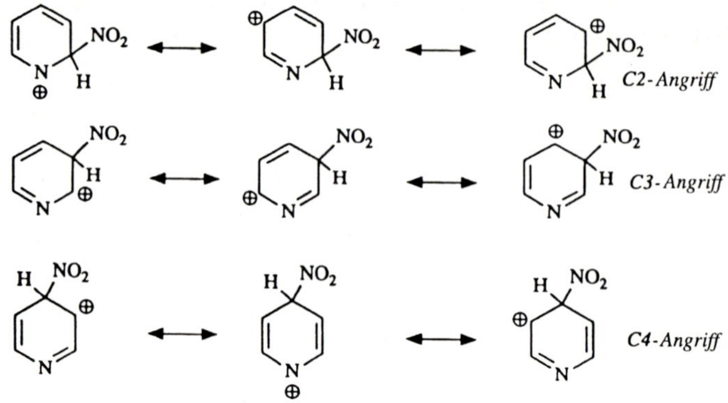

C-Alkylierung eines sterisch gehinderten Phenolat-Anions.

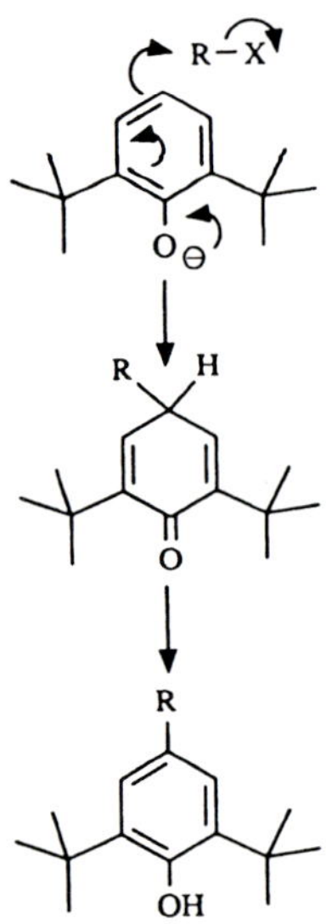

Obwohl bei der Sulfonierung von Pyridin zur Sulfonsäure **5.16** bessere Ergebnisse erzielt wurden, sind elektrophile Substitutionen am nichtaktivierten Pyridinring im allgemeinen präparativ nicht nutzbar.

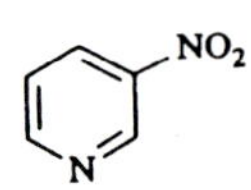

5.15

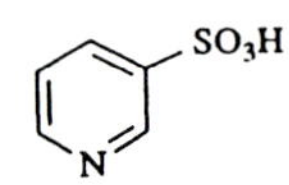

5.16

Pyridin läßt sich durch Umwandlung in Pyridin-N-oxid **5.17** für elektrophile Substitutionen aktivieren. Auf den ersten Blick erscheint es merkwürdig, die Oxidation (d.h. Elektronenabgabe) als Mittel zur Aktivierung eines Systems für die elektrophile Substitution anzusehen, aber **5.17** reagiert gegenüber Elektrophilen fast wie ein sterisch gehindertes Phenolat-Anion unter Bildung der Zwischenstufe **5.18**, die dann ein Proton zum substituierten N-Oxid **5.19** abspaltet. Bei Anwendung dieser Methode ist es natürlich erforderlich, das aktivierende Sauerstoffatom wieder zu entfernen. Dies gelingt mit Phosphortrichlorid, das dabei zu Phosphoroxychlorid oxidiert wird.

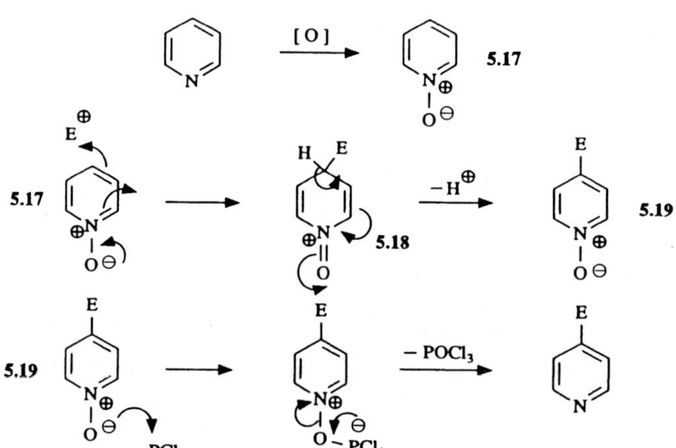

Nach diesem Verfahren kann beispielsweise 4-Nitropyridin **5.20** in drei Stufen aus Pyridin hergestellt werden.

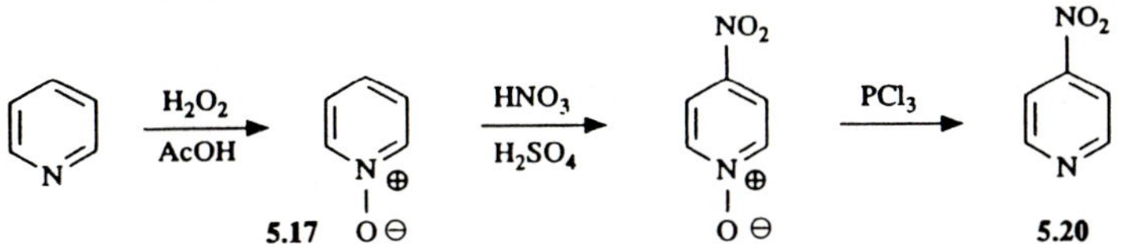

Pyridin-N-oxide lassen sich ferner in die synthetisch wertvollen 2-Chlorpyridine **5.21** überführen (siehe Abschnitt 5.4).

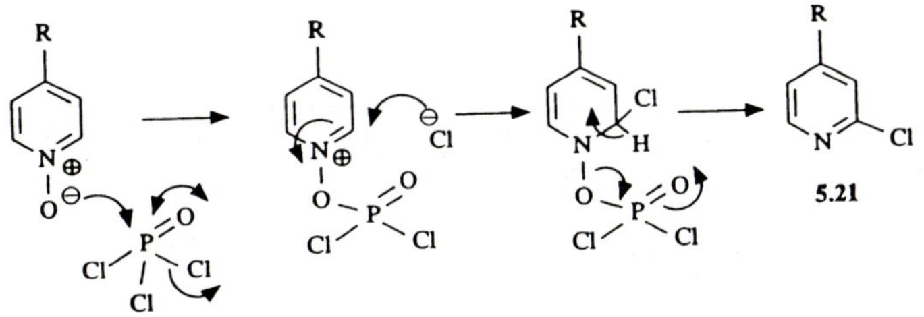

Einen weiteren Zugang zur elektrophilen Substitution bieten Umsetzungen von 2-Pyridon **5.22** und 4-Pyridon **5.23**, den tautomeren Formen von 2- bzw. 4-Hydroxypyridin. Diese Verbindungen existieren ausschließlich in der Pyridonform, das Wasserstoffatom ist an den Stickstoff und nicht an den Sauerstoff gebunden. Ihre Elektronenstrukturen werden durch eine einzige Valenzdarstellung nicht hinreichend beschrieben, das freie Elektronenpaar des Stickstoffatoms ist – wie in den mesomeren Darstellungen **5.22a** und **5.23a** – in erheblichem Maß auf das Sauerstoffatom delokalisiert.

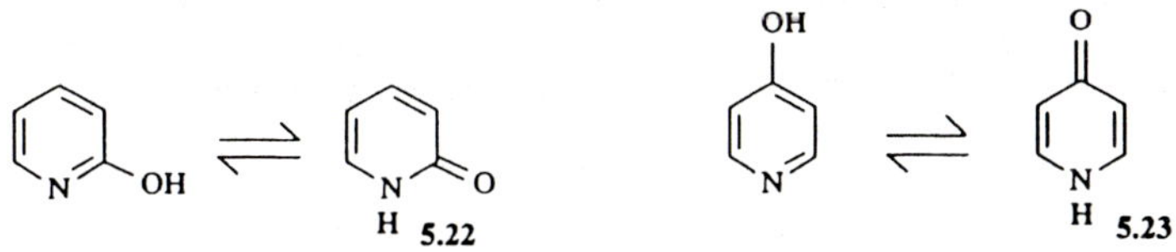

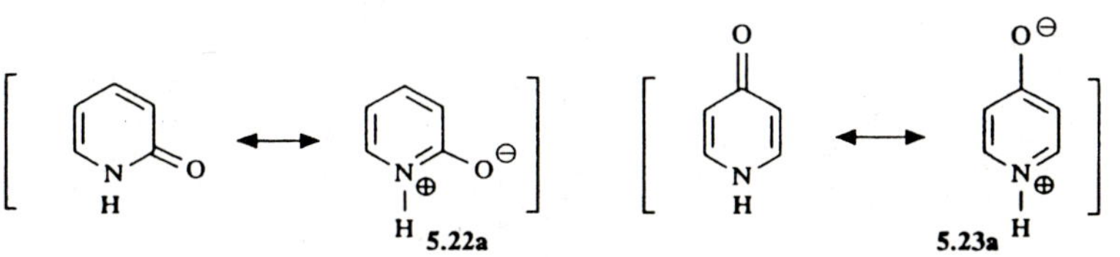

Beide Pyridone reagieren mit Elektrophilen in *ortho-* und *para*-Stellung zum aktivierenden Sauerstoffatom. So reagiert 4-Pyridon mit Elektrophilen an der C3-Position (der Mechanismus kann aus beiden mesomeren Strukturen formuliert werden) zur Zwischenstufe **5.24**. Analog zu den Pyridin-N-oxiden entstehen durch Umsetzung mit Phosphoroxychlorid Chlorpyridine **5.25**. Die Verwendbarkeit von 2- und 4-Chlorpyridinen wird im nächsten Abschnitt behandelt.

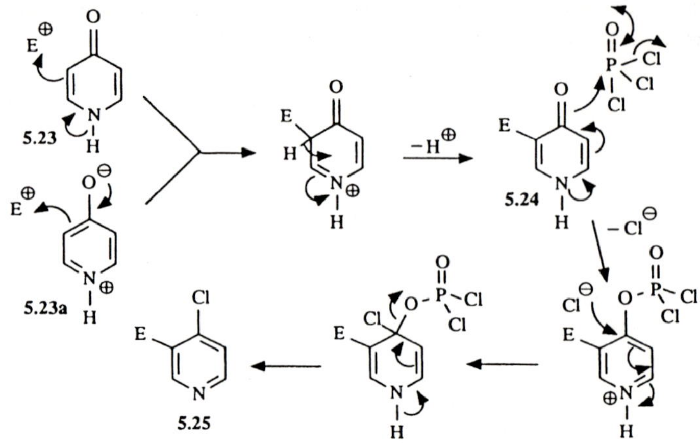

5.4 Nucleophile Substitution von Pyridinen

Pyridine werden analog zur 1,2- oder 1,4-Addition von Nucleophilen an die Carbonylgruppe durch Nucleophile an den C2/C6- und C4-Positionen angegriffen. Ein Angriff in C3/C5-Stellung ist nicht begünstigt, da die negative Ladung der Zwischenstufe nicht auf das elektronegative Stickstoffatom delokalisiert werden kann.

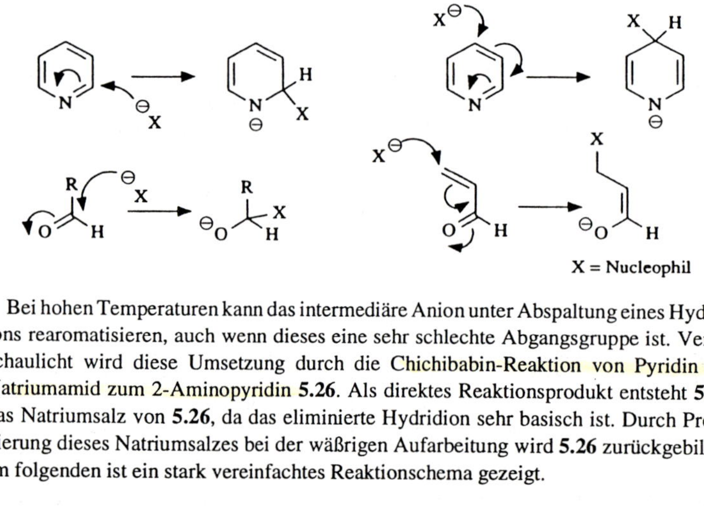

Der tatsächliche Mechanismus ist ziemlich kompliziert. Es entwickelt sich zwar Wasserstoffgas, aber freies Natriumhydrid entsteht in Wirklichkeit nicht. Vgl. McGill und Rappa (1988).

Bei hohen Temperaturen kann das intermediäre Anion unter Abspaltung eines Hydridions rearomatisieren, auch wenn dieses eine sehr schlechte Abgangsgruppe ist. Veranschaulicht wird diese Umsetzung durch die Chichibabin-Reaktion von Pyridin mit Natriumamid zum 2-Aminopyridin **5.26**. Als direktes Reaktionsprodukt entsteht **5.27**, das Natriumsalz von **5.26**, da das eliminierte Hydridion sehr basisch ist. Durch Protonierung dieses Natriumsalzes bei der wäßrigen Aufarbeitung wird **5.26** zurückgebildet. Im folgenden ist ein stark vereinfachtes Reaktionschema gezeigt.

Diese nucleophilen Substitutionen verlaufen wesentlich leichter, wenn bessere Abgangsgruppen (z.B. Halogenidionen anstelle von Hydridionen) verwendet werden.

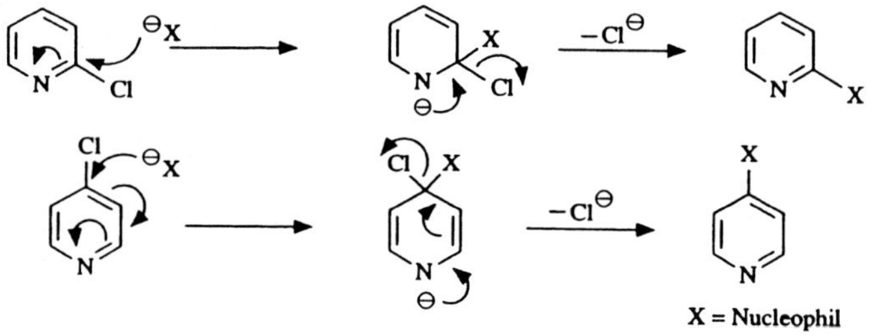

Nucleophile Substitutionen finden in der Pyridinchemie breite Anwendung. Einige Beispiele sind nachstehend aufgeführt.

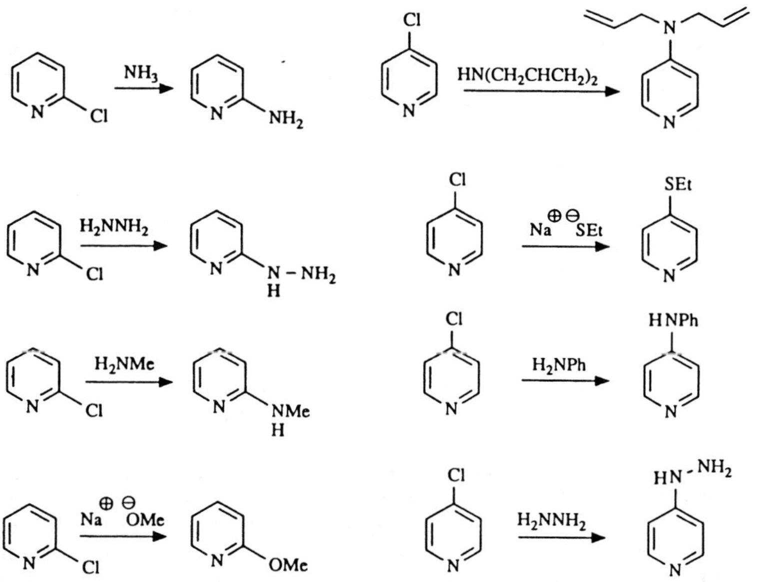

Zum Schluß dieses Abschnitts betrachten wir die Synthese des Pyridotriazins **5.32**, eines potentiell fungiziden Medikaments. Diese Synthese zeigt sowohl Eigenschaften der elektrophilen als auch der nucleophilen Pyridinchemie.

Die Nitrierung von 4-Pyridon **5.23** ergibt **5.28**, das mit Phosphoroxychlorid das Chlorpyridin **5.29** liefert. Diese Pyridon-Chlorpyridin-Umwandlung aktiviert das System für den nucleophilen Angriff durch Hydrazin, der zu **5.30** führt. Die Nitrogruppe erleichtert außerdem den nucleophilen Angriff durch Delokalisierung der negativen Ladung in der Zwischenstufe.

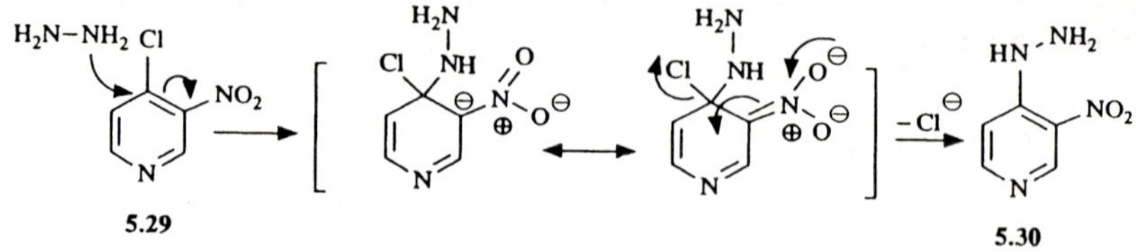

N-Acylierung, Reduktion der Nitro- zur Aminogruppe und Kondensation führt zum Dihydrotriazin **5.31**, das mit Mangandioxid leicht zum vollständig aromatischen Heterocyclus **5.32** dehydriert wird. Bemerkenswert ist, daß hier eine verhältnismäßig einfache Chemie zur Bildung eines ziemlich komplexen Heterocyclus verwendet wird.

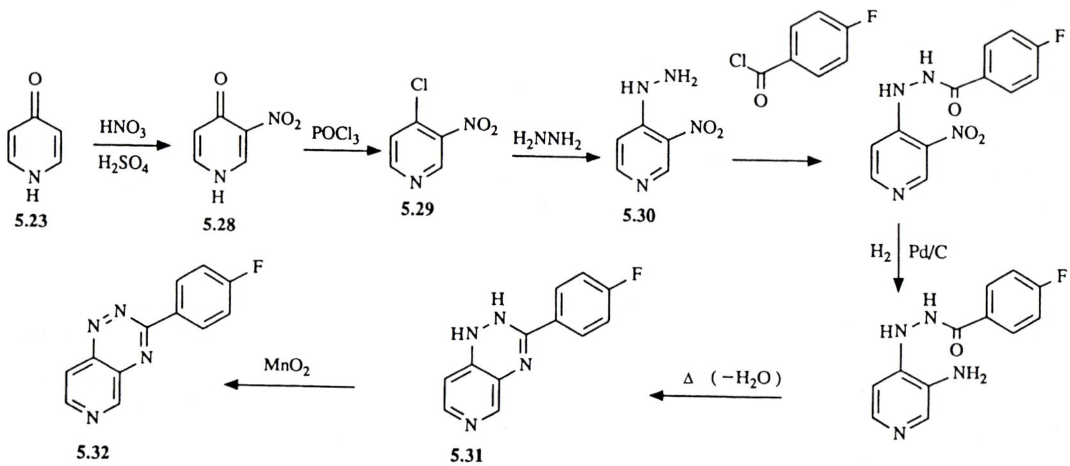

5.5 Chemie der Anionen von Pyridinen

Die im vorangegangenen beschriebene Parallele zwischen dem nucleophilen Angriff an den C2/C6- und C4-Positionen von Pyridin und der 1,2- und 1,4-Addition von Nucleophilen an die Carbonylgruppe läßt sich auf die Deprotonierung von Alkylsubstituenten in C2/C6- und C4-Stellung ausdehnen.

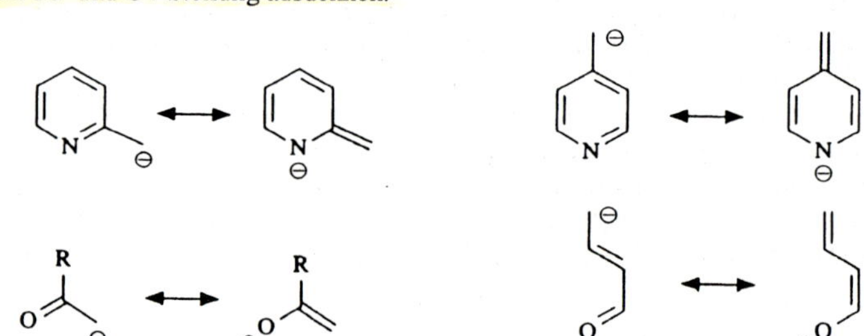

So wie die Carbonylgruppe eine benachbarte negative Ladung in Form eines Enolatanions stabilisiert, wird das aus 2-Methylpyridin entstehende Anion durch Delokalisierung der negativen Ladung auf das elektronegative Stickstoffatom stabilisiert. Ähnliches gilt für 4-Methylpyridin. Diese stabilisierten Anionen können dann mit den üblichen Elektrophilen regieren.

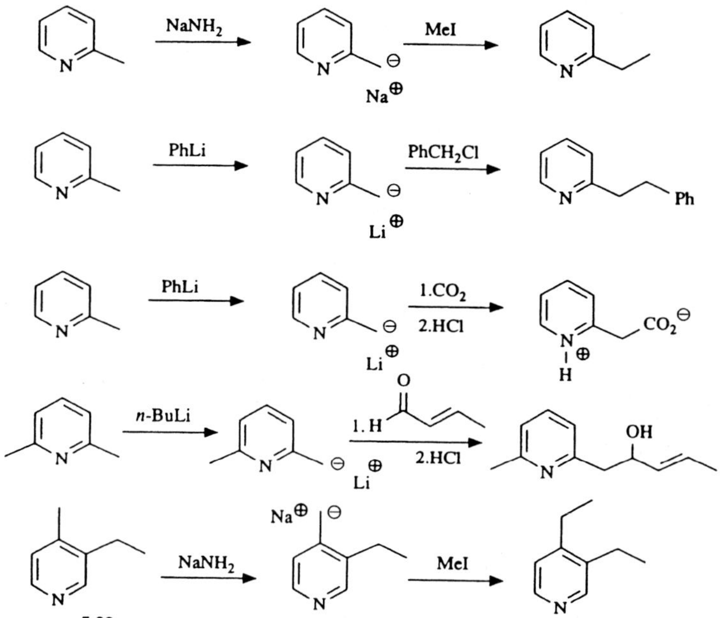

5.33

Die durch Deprotonierung der Methylengruppe des Ethylsubstituenten in **5.33** entstehende negative Ladung kann nicht auf das Stickstoffatom delokalisiert werden.

Das Dialkylpyridin **5.33** wird selektiv an der C4-Alkylgruppe deprotoniert, wodurch die größere Acidität dieser Position gegenüber der C3-Stellung zum Ausdruck kommt. Hinsichtlich einer Deprotonierung des Rings sind jedoch nur verhältnismäßig wenig Beispiele für einfache Pyridine bekannt – im Gegensatz zu der umfangreichen Chemie heterocyclischer Fünfringe. Dies ist darauf zurückzuführen, daß die entstehenden Organometallspecies gute Nucleophile und Pyridine auch mäßige Elektrophile sind, so daß häufig Probleme durch Polymerisationen auftreten. Erfolgreicher verliefen Umsetzungen mit substituierten Pyridinen, die einen *ortho*-aktivierenden Substituenten (z.B. -CONHR, -NHCOR, -OMe, $-CH_2NR_2$ usw.) tragen. Diese Substituenten erhöhen die Geschwindigkeit der kinetischen Deprotonierung und stabilisieren die Organolithium-Zwischenstufe durch Koordinierung.

Beispielsweise läßt sich 4-Aminopyridin **5.34** in das Amid **5.35** überführen, das bei der Umsetzung mit zwei Äquivalenten Butyllithium die Organometallspecies **5.36** ergibt. Die Formylierung des reaktiveren Anions (des Carbanions) und anschließende Reprotonierung des Amidanions führt zu **5.37**. Durch saure Hydrolyse wird die aktivierende Gruppe entfernt und der Pyridinaldehyd **5.38** freigesetzt.

Die Metallierung verläuft zunächst über eine Deprotonierung des Amids, an die sich eine *ortho*-gerichtete Deprotonierung in C3-Stellung unter Bildung der lithiumorganischen Pseudosechsring-Verbindung **5.36** anschließt.

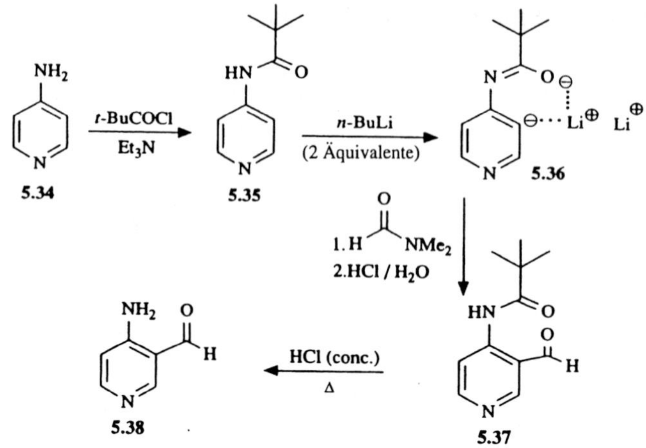

5.6 Übungen

1. Nach welchem Mechanismus verläuft diese Reaktion?

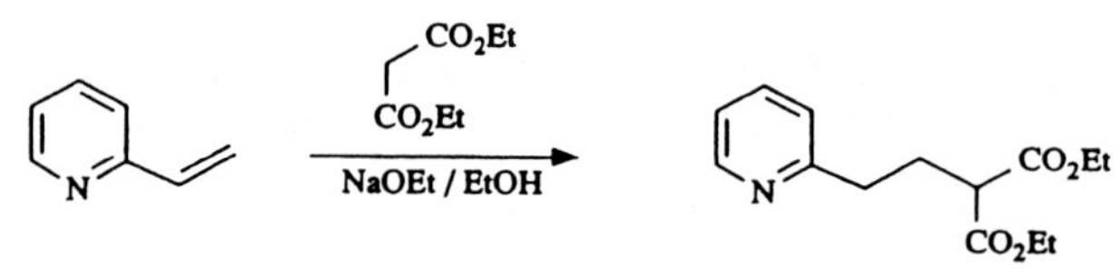

Hinweis. Beginnen Sie mit der Acetylierung des Pyridins zu einem quartären Kation. Auf welche Weise ergibt die Deprotonierung ein nucleophiles Enamin-ähnliches System?

2. Die Kondensation aktiver Methylgruppen mit Aldehyden kann durch Acetanhydrid wie auch durch Basen katalysiert werden. Schlagen Sie einen möglichen Mechanismus vor.

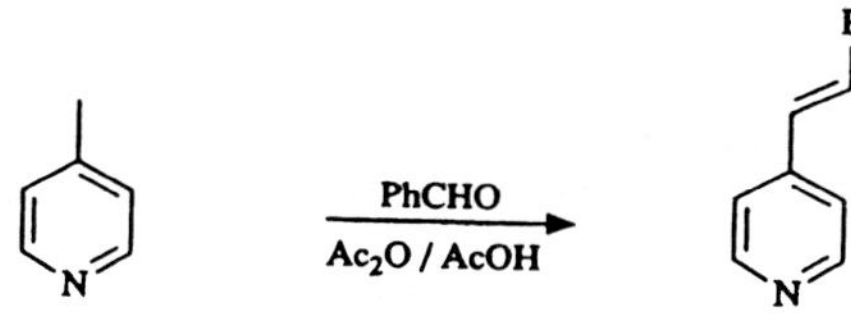

3. Erklären Sie die Bildung des Lactons **5.40** aus dem Pyridylamid **5.39**.

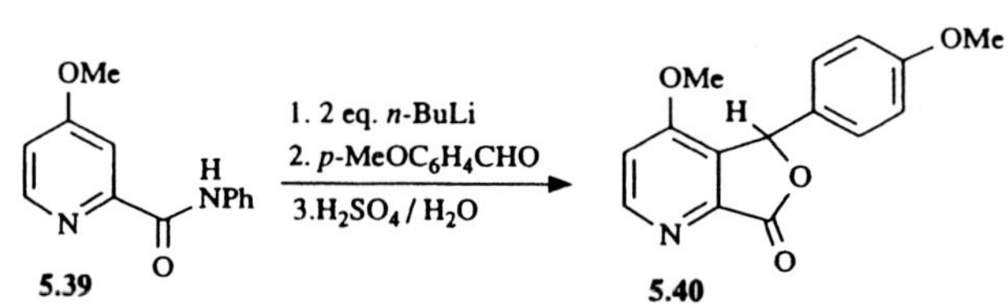

4. Einige Pyridin-N-oxide sind nicht nur als Zwischenstufen bei Synthesen, sondern auch selbst von Interesse. So ist das Pyridin-N-oxid **5.41** ein neues Medikament, das zur

Behandlung der senilen Demenz von Nutzen sei soll. Nach welchem Mechanismus verlaufen die Bildung des Pyridons und der Endstufe?

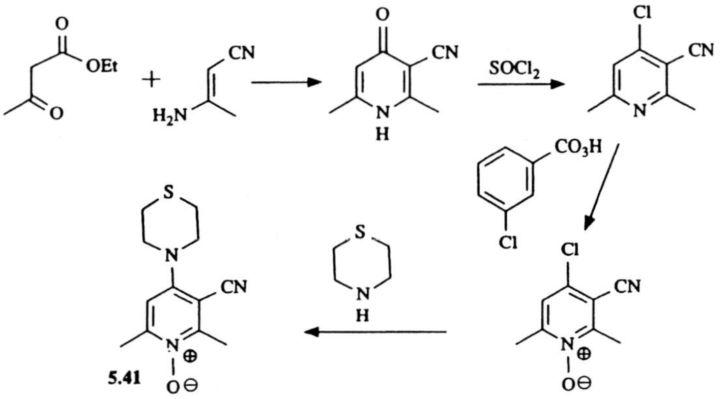

5.41

5.7 Literatur

Abramovitch, R.A. (1974). In *Pyridine and its derivatives* (*The chemistry of heterocyclic compounds* [Hrsg. A. Weissburger und E.C. Taylor], Vol. 14, Ergänzungen 1–4). Wiley Interscience, New York.

Eisner, V. und Kuthum, J. (1972). *Chem. rev.*, **72**, 1 (Dihydropyridine).

Furniss, B.S., Hannaford, A.J., Smith, P.W.G. und Tatchell, A.R. (1989). In *Vogel's textbook of practical organic chemistry* (5. Aufl.), S. 1168 (Herstellung des Pyridins **5.13**). Longman, Harlow.

Klinsberg, E. (1974). In *Pyridin and its derivatives* (*The chemistry of heterocyclic compounds* [Hrsg. A. Weissburger und E.C. Taylor], Vol. 14, Teil 1–4). Wiley Interscience, New York.

McGill, C.K. und Rappa, A. (1988). *Adv. heterocyclic chem.*, **44**, 3.

Smith, D.M. (1979). In *Heterocyclic chemistry* (*Hrsg. P.G. Sammes*) (*Comprehensive organic chemistry* Vol. 4, Hrsg. D. Barton und W.D. Ollis), S. 3. Pergamon Press, Oxford.

6 Chinoline und Isochinoline

6.1 Einführung

Chinolin und Isochinolin können auch als formal aus Naphthalin entstanden betrachtet werden.

Chinolin **6.1** und Isosochinolin **6.2** sind isomere heterocyclische Systeme, deren Aufbau man sich durch Kondensation eines Benzolrings an die C2/C3- bzw. C3/C4-Position von Pyridin vorstellen kann. Beide Verbindungen sind aromatische Heterocyclen mit zehn π-Elektronen. Sie sind wie Pyridin mäßig basisch (pK_a=4.9 für Chinolin, pK_a=5.1 für Isochinolin). Chinolin wird sogar manchmal als hochsiedendes (237 °C) basisches Lösungsmittel verwendet.

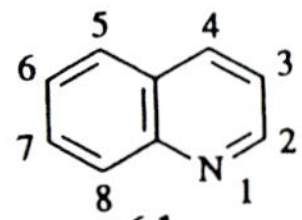

6.1

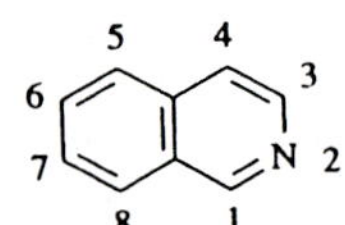

6.2

Das Bezifferungssystem von Isochinolin ist zu beachten.

Die Stickstoffatome von Chinolin und Isochinolin tragen wie im Pyridin ein freies Elektronenpaar, das nicht an der aromatischen Bindung beteiligt ist und protoniert, alkyliert oder durch Lewis-Säuren komplexiert werden kann. Dieses Kapitel sollte im Zusammenhang mit dem Kapitel über Pyridine gelesen werden, da mehrere Punkte, die dort ausführlich behandelt werden, auch für die Chemie der Chinoline und Isochinoline von Bedeutung sind.

6.2 Synthese von Chinolinen und Isochinolinen

Die Umsetzung von Anilin **6.3** mit Glycerin **6.4** unter sauren/oxidativen Bedingungen zu Chinolin **6.1** ist ein Beispiel für die klassische Skraup-Synthese von Chinolinen.

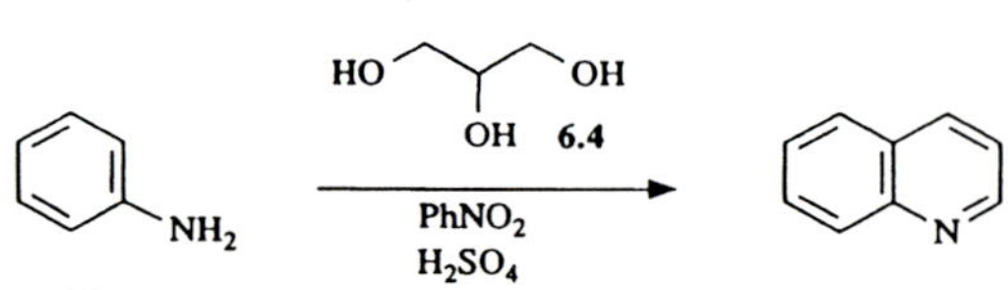

Auf den ersten Blick scheint diese Reaktion eine der altertümlichen Heterocyclensynthesen zu sein, die mehr auf Alchemie als auf Logik zurückzuführen sind, tatsächlich sind die beteiligten Prozesse aber verhältnismäßig einfach.

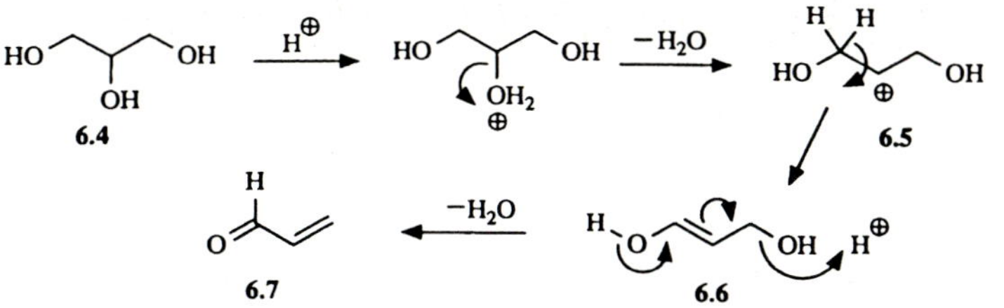

Durch Protonierung von Glycerin **6.4** wird die Wasserabspaltung über das sekundäre Carboniumion **6.5** zum Enol **6.6** katalysiert. Die sauer katalysierte Eliminierung eines zweiten Wassermoleküls ergibt Acrolein **6.7**. Auf diese Weise wirkt Glycerin im wesentlichen wie eine geschützte Form von Acrolein und setzt diesen instabilen α, β-ungesättigten Aldehyd im Reaktionsmedium frei. Mit dieser Methode werden bessere Ausbeuten erzielt als wenn Acrolein selbst bereits bei Reaktionsbeginn vorliegt. Die weitere Umsetzung verläuft über eine Michael-Addition von Anilin **6.3** an Acrolein zum gesättigten Aldehyd **6.8**, der über eine aromatische Substitution zum Alkohol **6.9** cyclisiert. Die sauer katalysierte Dehydratation zu **6.10** und anschließende Oxidation ergibt Chinolin **6.1**. Als milde Oxidationsmittel können Nitrobenzol, Iod und Eisen(III)salze verwendet werden.

Acrolein ist ein hochreaktives, zur Polymerisation neigendes Olefin.

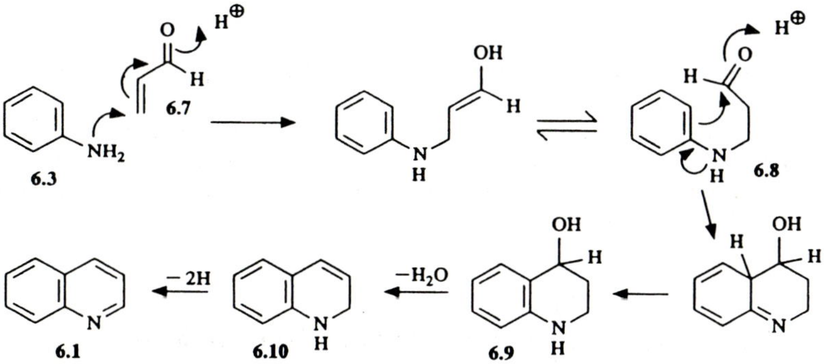

Nachstehend sind einige Beispiele der Skraup-Synthese gezeigt.

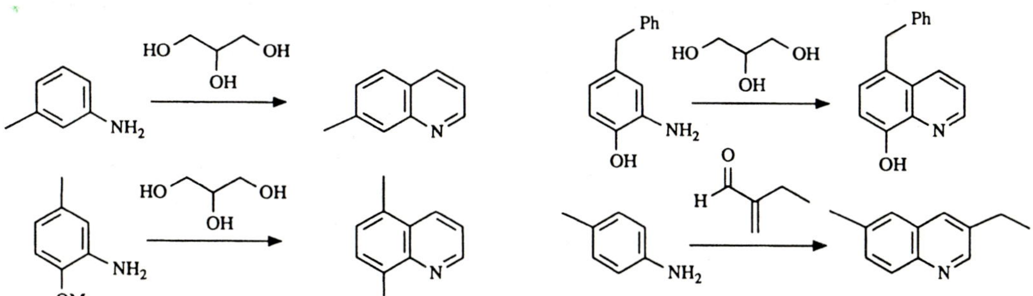

Bei der Synthese von Isochinolinen dienen β-Arylethylamine als Schlüsselverbindungen. So führt die Acylierung von β-Phenylethylamin **6.11** zu Amiden der allgemeinen Formel **6.12**, die mit Phosphoroxychlorid zu Dihydroisochinolinen **6.13** cyclisiert werden. Bessere Ausbeuten werden erzielt, wenn der aromatische Ring Elektronendonorgruppen trägt, die diese Cyclisierung *via* aromatische Substitution erleichtern.

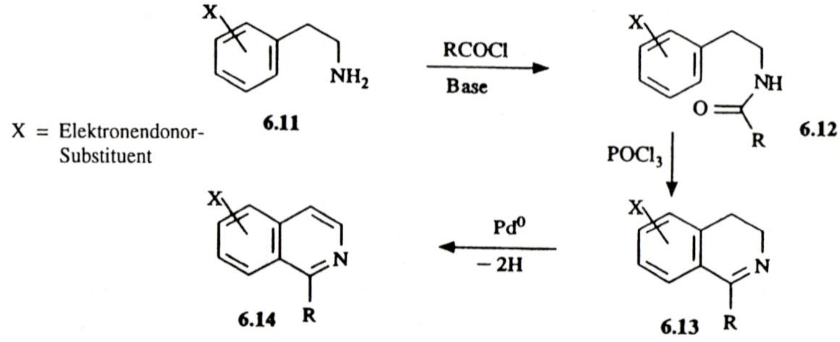

Diese Dehydrierung ist die Umkehrreaktion einer normalen Hydrierung und läßt sich unter milden Bedingungen in Gegenwart eines Wasserstoffacceptors (z.B. Cyclohexen) durchführen.

Wie bei der Skraup-Synthese von Chinolinen ist die Abspaltung von zwei Wasserstoffatomen zur Bildung eines vollständig aromatischen Systems erforderlich. Dies wird aber im allgemeinen in einem separaten Reaktionsschritt erreicht, wobei unter Verwendung eines Palladium-Katalysators das allgemeine Isochinolin **6.14** entsteht. Diese Synthese ist als Bischler-Napieralski-Reaktion bekannt. Der Mechanismus verläuft wahrscheinlich über eine Umwandlung des Amids **6.12** in ein protoniertes Imidoylchlorid **6.15** und anschließende elektrophile aromatische Substitution zu **6.13**. (Für die ähnliche Aktivierung eines Amids zu einer elektrophilen Species bei der Vilsmeier-Reaktion vgl. Kapitel 2.)

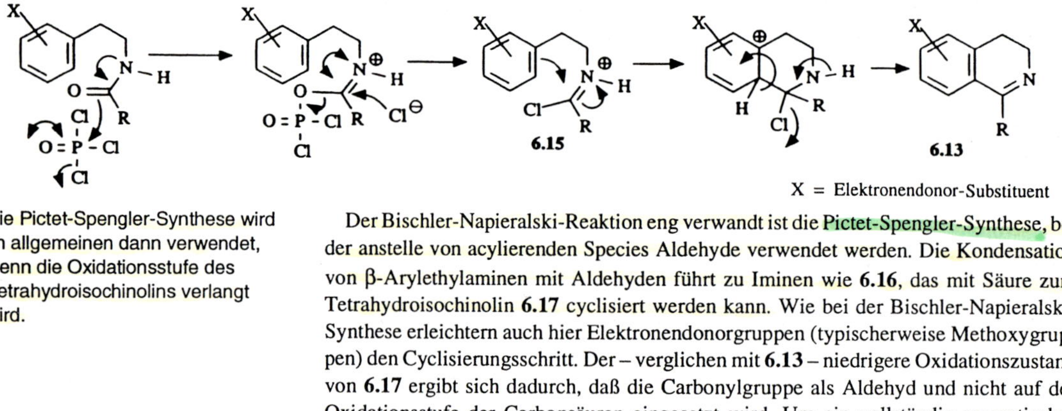

X = Elektronendonor-Substituent

Die Pictet-Spengler-Synthese wird im allgemeinen dann verwendet, wenn die Oxidationsstufe des Tetrahydroisochinolins verlangt wird.

Der Bischler-Napieralski-Reaktion eng verwandt ist die Pictet-Spengler-Synthese, bei der anstelle von acylierenden Species Aldehyde verwendet werden. Die Kondensation von β-Arylethylaminen mit Aldehyden führt zu Iminen wie **6.16**, das mit Säure zum Tetrahydroisochinolin **6.17** cyclisiert werden kann. Wie bei der Bischler-Napieralski-Synthese erleichtern auch hier Elektronendonorgruppen (typischerweise Methoxygruppen) den Cyclisierungsschritt. Der – verglichen mit **6.13** – niedrigere Oxidationszustand von **6.17** ergibt sich dadurch, daß die Carbonylgruppe als Aldehyd und nicht auf der Oxidationsstufe der Carbonsäuren eingesetzt wird. Um ein vollständig aromatisches Isochinolin herzustellen, müssen aus den Tetrahydroisochinolinen vier Wasserstoffatome oxidativ entfernt werden.

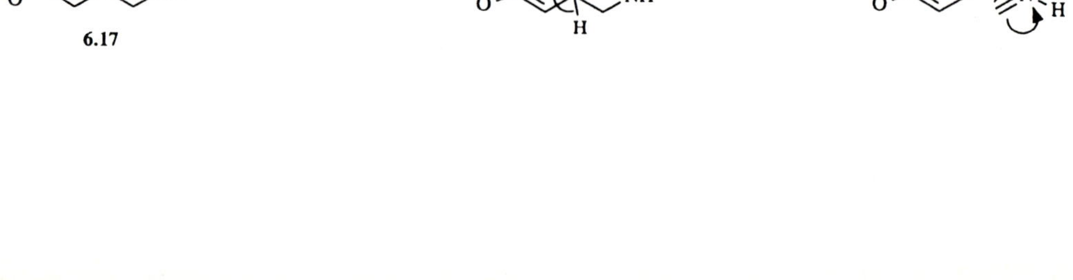

6.17

6.3 Elektrophile Substitution von Chinolin und Isochinolin

Elektrophile Substitutionen verlaufen bei Chinolin und Isochinolin leichter als bei Pyridin, wobei das eintretende Elektrophil – nicht überraschend – den benzoiden Ring angreift. Unter den typischerweise aciden Bedingungen der Nitrierung oder Sulfonierung werden die Stickstoffatome von Chinolin und Isochinolin wie beim Pyridin protoniert, so daß der heterocyclische Ring einem Angriff widersteht. Am besten zugänglich für einen elektrophilen Angriff sind die C5- und C8-Positionen.

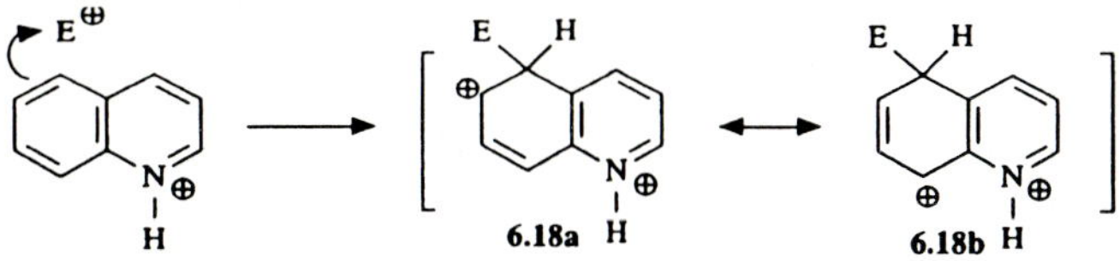

6.18a 6.18b

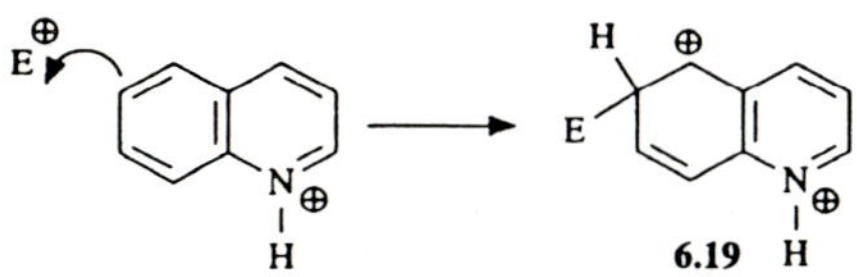

6.19

Durch den Angriff eines Elektrophils in C5-Stellung des protonierten Chinolins entsteht das resonanzstabilisierte Kation **6.18a,b**, ohne daß die Aromatizität des benachbarten Pyridiniumrings gestört wird. Der Angriff eines Elektrophils an C6 führt jedoch zum Kation **6.19**, das nicht die gleiche Resonanzstabilisierung besitzt wie das Kation **6.18a,b**. (Der Student sollte diese Übung auch für die C7- und C8-Positionen durchführen und zeigen, daß die gleichen Argumente gelten.)

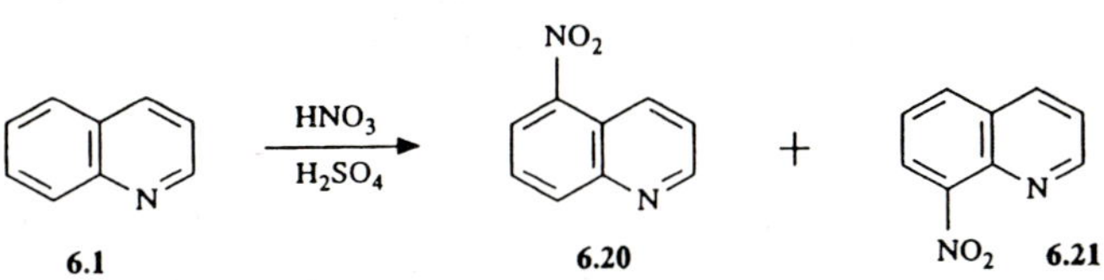

6.1 **6.20** **6.21**

Beispielsweise ergibt die Nitrierung von Chinolin ein äquimolares Gemisch der Regioisomeren **6.20** und **6.21**. Dagegen verläuft die Nitrierung von Isochinolin ziemlich selektiv (10:1) zugunsten der C5- vor der C8-Position und führt hauptsächlich zu **6.22**.

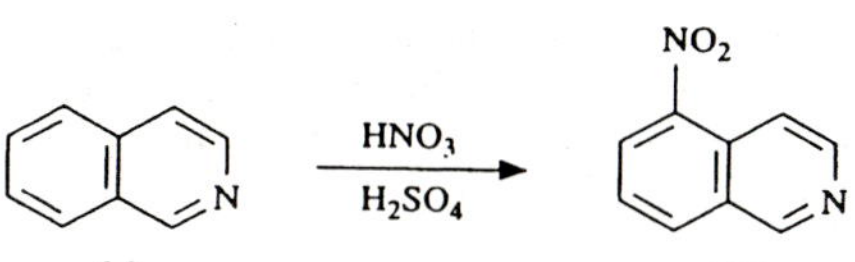

6.2 **6.22**

6.4 Nucleophile Substitution von Chinolin und Isochinolin

Chinolin und Isochinolin unterliegen ebenso wie Pyridin nucleophilen Substitutionsreaktionen.

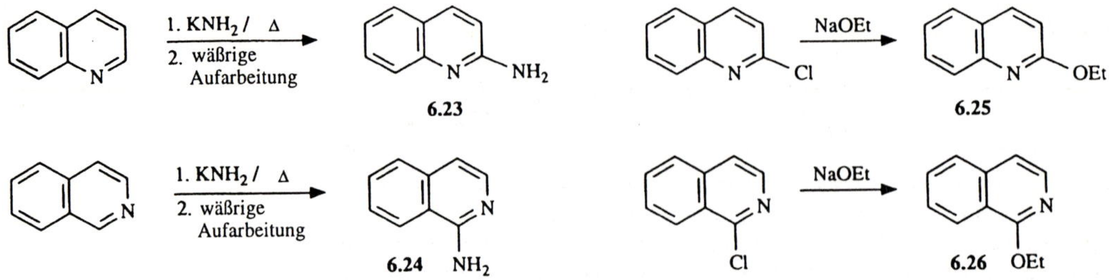

6.23 6.24 6.25 6.26

So gehen sowohl Chinolin als auch Isochinolin die Chichibabin-Reaktion (mit formaler Hydrideliminierung, siehe Kapitel 5) zu 2-Aminochinolin **6.23** bzw. 1-Aminoisochinolin **6.24** ein. Halogensubstituenten in *ortho*-Stellung zu den Stickstoffatomen werden leicht ausgetauscht, wie die Herstellung von **6.25** und **6.26** zeigt.

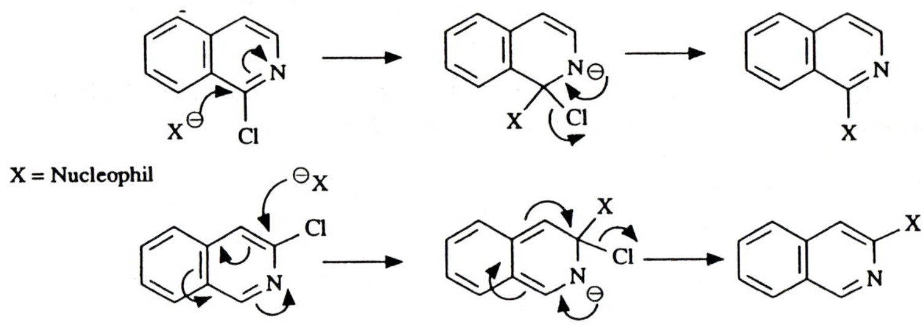

Zu beachten ist, daß der nucleophile Austausch bei Isochinolinen in der C1-Position leichter als in der C3-Stellung stattfindet (obwohl beide *ortho*- zum Stickstoff stehen), da mit der Substitution an C3 eine vorübergehende Unterbrechung des benzoiden Rings verbunden ist.

6.5 Chemie der Anionen von Chinolin und Isochinolin

Alkylgruppen in C2- und C4-Stellung von Chinolin lassen sich durch starke Basen deprotonieren, da (wie beim Pyridin) die negative Ladung der entstehenden Carbanionen, wie im Carbanion **6.27a,b**, auf das elektronegative Stickstoffatom delokalisiert werden kann.

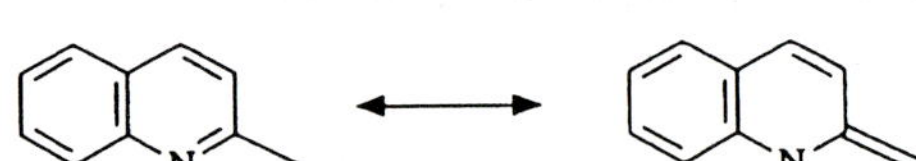

6.27a **6.27b**

Solche Carbanionen lassen sich alkylieren, acylieren oder mit Aldehyden kondensieren:

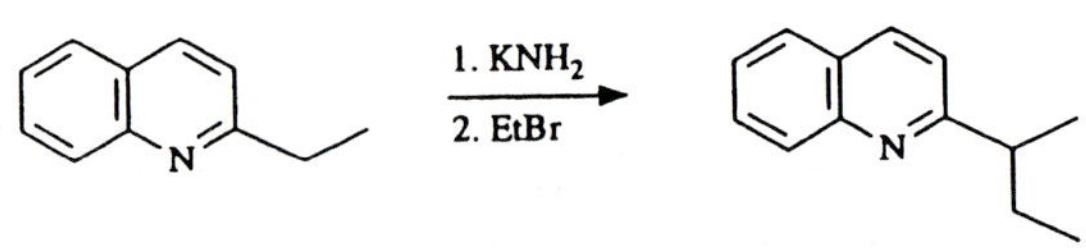

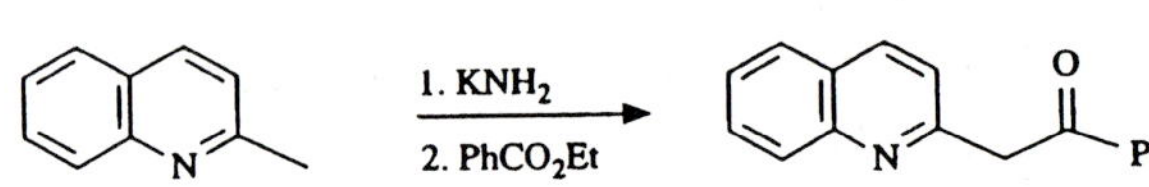

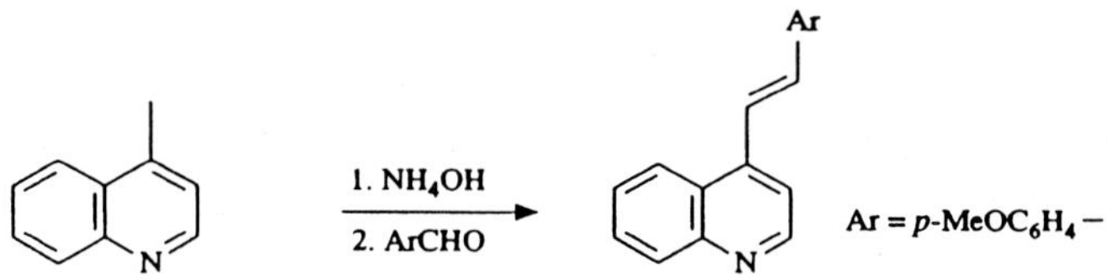

Diese Art von Reaktionen werden auch mit 1-Methylisochinolin **6.28** beobachtet. 3-Methylisochinolin ist jedoch weit weniger aktiviert, da die Ladungsdelokalisierung in **6.29a,b** mit einer Unterbrechung der Aromatizität im benzoiden Ring verbunden ist. Dieses Verhalten steht in enger Beziehung zur Trägheit der 3-Halogenisochinoline gegenüber einer nucleophilen Substitution.

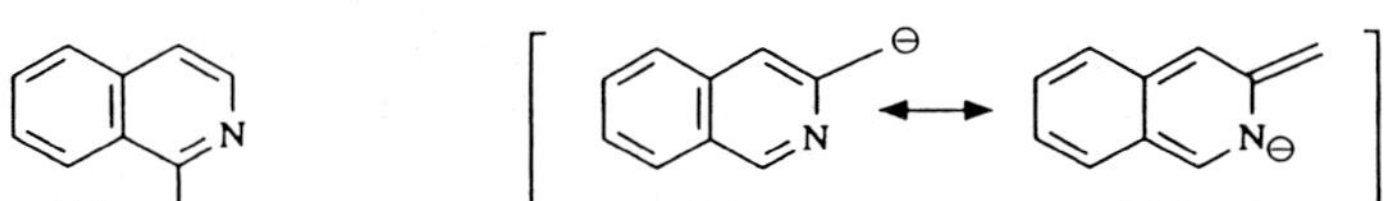

6.28 **6.29a** **6.29b**

Analog zu Pyridin lassen sich aktivierte Alkylgruppen unter sauren oder basischen Bedingungen mit Aldehyden zu Verbindungen wie **6.30** und **6.31** kondensieren.

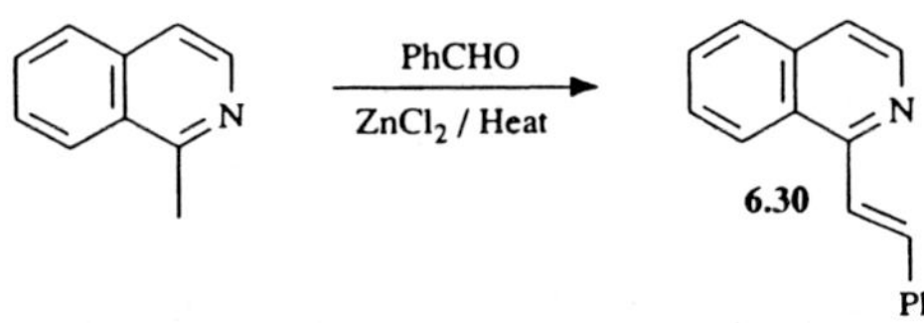

Zur Erklärung des Mechanismus solcher Kondensationen sei der Leser auf das vorherige Kapitel (Übungsaufgabe 2) verwiesen.

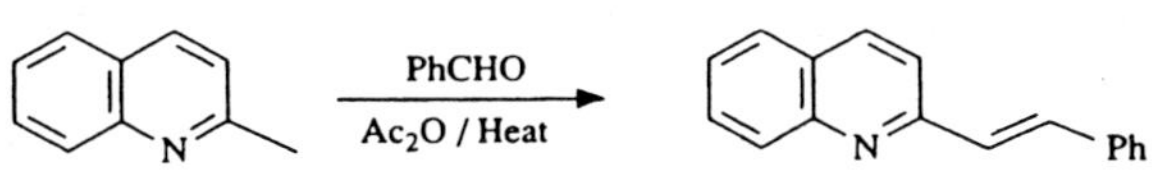

6.31

6.6 Übungen

1. Das Formelschema zeigt die Synthese des wichtigen Chinolon-Antibiotikums **6.33.** Die Schlüsselschritte dieser Umsetzung sind die Gould-Jacobson-Synthese des Chinolons **6.32** und die Austauschreaktion zu **6.33.** Nach welchen Mechanismen verlaufen diese Reaktionen?

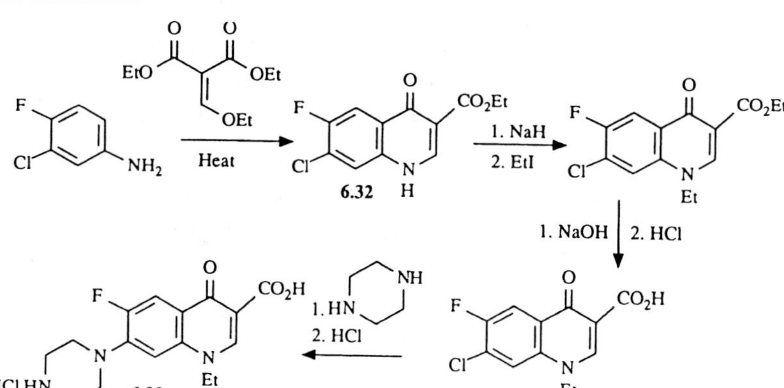

2. Nachstehend ist eine Synthese des natürlich vorkommenden Isochinolin-Alkaloids **6.34** gezeigt. Welche Reagentien könnten für jeden Reaktionsschritt verwendet werden?

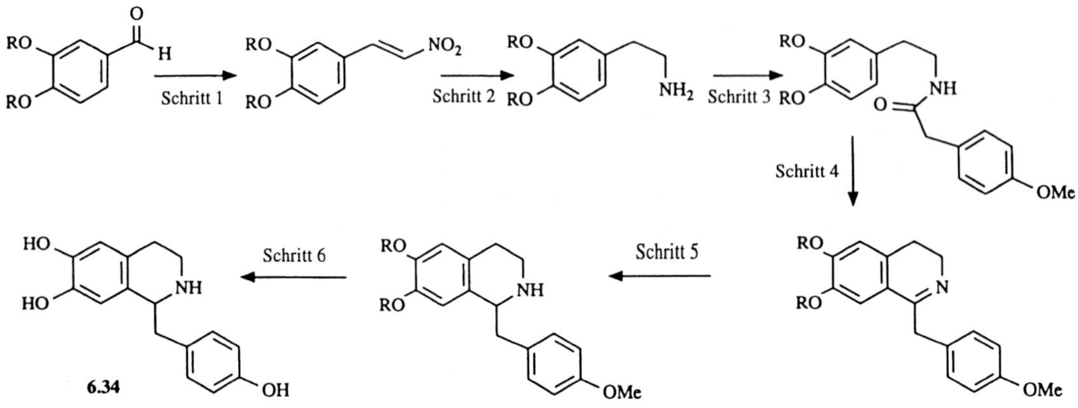

$R = CH_2Ph$

6.7 Literatur

Adams, R. und Sloan, A.W. (1941). *Organic syntheses*, Coll. Vol. I, 478 (eine wirklich alchimistische Herstellung von Chinolin).

Claret, P.A. (1979). In *Heterocyclic chemistry* (Hrsg. P.G. Sammes) (*Comprehensive organic chemistry* Vol. 4, Hrsg. D. Barton und W.D. Ollis), S. 155 (Chinoline) und S. 205 (Isochinoline). Pergamon Press, Oxford.

Furniss, B.S., Hannaford, A.J., Smith, P.W.G. und Tatchell, A.R. (1989). *Vogel's textbook of practical organic chemistry* (5. Aufl.), S. 1185 (eine sicherheitsbewußtere Herstellungsmethode für Chinolin). Longman, Harlow.

Grethe, G. (Hrsg.) (1981). In *Isoquinolines* (*The chemistry of heterocyclic compounds* [Hrsg. A. Weissburger und E.C. Taylor], Vol. 3, Teil 1). Wiley Interscience, New York.

Jones, G. (1977, 1990). In *Quinolines* (*The chemistry of heterocyclic compounds* [Hrsg. A. Weissburger und E.C. Taylor], Vol. 32, Teil 1,2 und 3). Wiley Interscience, New York.

Kathawala, G.F., Coppola, G.M. und Schuster, H.F. (Hrsg.) (1989). In *Isoquinolines* (*The chemistry of heterocyclic compounds* [Hrsg. A. Weissburger und E.C. Taylor], Vol. 3, Teil 2). Wiley Interscience, New York.

Manske, R.H.F. und Kalka, M. (1953). *Organic reactions*, **7**, 59 (Skraup-Synthese).

Whaley, W.M. und Govindachari, T.R. (1951). *Organic reactions*, **6**, 151 (Pictet-Spengler-Synthese).

7 Indole

7.1 Einführung

Die Kondensation eines Benzolrings an die C2/C3-Position von Pyrrol ergibt formal das entsprechende Benzopyrrol **7.1**, das als Indol bekannt ist. Für die Bildung von Benzofuran **7.2** und Benzothiophen **7.3** ist eine analoge Umwandlung theoretisch vorstellbar. Das vorliegende Kapitel konzentriert sich ausschließlich auf Indol, das bei weitem wichtigste Mitglied dieser Reihe.

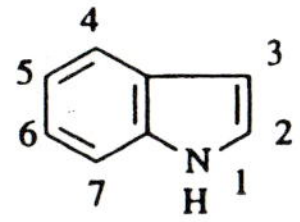

7.1

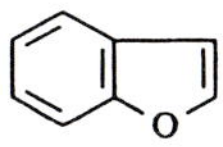

7.2

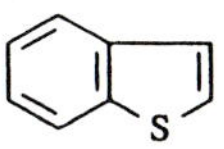

7.3

Indol ist ein aromatisches System mit zehn π-Elektronen. Wie beim Pyrrol ist zum Erreichen der Aromatizität die Delokalisierung des freien Elektronenpaars vom Stickstoffatom erforderlich. Die Gesamtelektronenstruktur von Indol wird durch die Formel **7.1** nicht vollständig wiedergegeben, da diese mit der Lokalisation des freien Elektronenpaars am Stickstoffatom verbunden ist. Die mesomere Darstellung **7.1a** trägt ebenso zur Elektronenstruktur von Indol bei wie – in geringerem Maße – mesomere Strukturen, in denen die negative Ladung am benzoiden Ring auftritt.

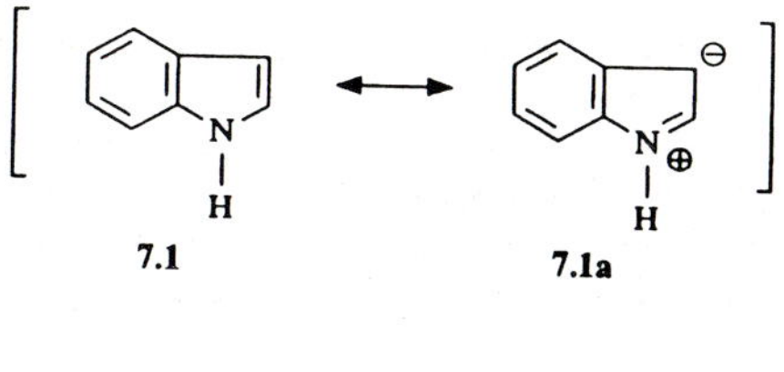

7.1 **7.1a**

Als Folge dieser Delokalisierung steht das freie Elektronenpaar für eine Protonierung unter mäßig sauren Bedingungen nicht zur Verfügung, so daß Indol wie Pyrrol ein schwach basischer Heterocyclus ist. Eine weitere Ähnlichkeit zu Pyrrol besteht darin, daß Indol als „elektronenreicher" Heterocyclus leicht aromatische elektrophile Substitutionen eingeht und unter oxidierenden (elektronenabgebenden) Bedingungen ebenfalls ziemlich instabil ist. Bei der elektrophilen Substitution tritt jedoch ein wichtiger Unterschied auf: Während Pyrrol mit Elektrophilen vorzugsweise in C2/C5-stellung reagiert, wird Indol selektiv an der C3-Position substituiert. Die Gründe hierfür werden später erörtert.

Neurotransmitter sind natürlich vorkommende Substanzen, die die chemische Kommunikation zwischen Nervenzellen durch Bindung an bestimmte, Rezeptoren genannte Stellen an der Zelloberfläche bewirken.

Historisch entstand das Interesse an Indolen durch die Isolierung und Charakterisierung von Verbindungen aus der riesigen Familie der Indolalkaloide, z.B. Lysergsäure **7.4**. Viele Indolalkaloide haben interessante und manchmal nützliche biologische Wirkungen. Obwohl die Naturstoffchemie noch immer ein aktives Arbeitsgebiet in erster Linie der akademischen Forschung ist, werden heutzutage wesentlich größere Anstrengungen darauf verwendet, Indolderivate als potentielle Arzneimittel herzustellen. Ausgehend von Beobachtungen, nach denen bestimmte Indolalkaloide oder ihre halbsynthetischen Derivate (z.B. Lysergsäurediethylamid, LSD **7.5**) starke Wirkungen auf das Zentralnervensystem zeigen, wurde festgestellt, daß das einfache Indol 5-Hydroxytryptamin **7.6** ein bedeutender Neurotransmitter ist. Es wurden zahlreiche Indolderivate synthetisiert, die die Bindung dieses Neurotransmitters an seine Rezeptoren nachahmen oder blockieren; sie finden zunehmend Verwendung bei der Behandlung verschiedener psychologischer Störungen.

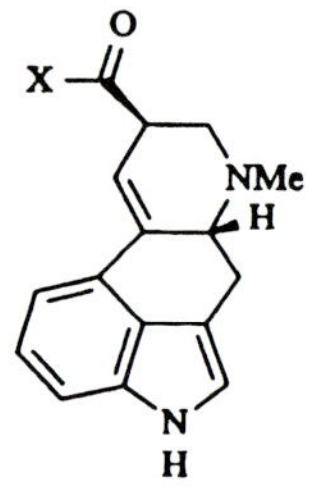

7.4 X = OH
7.5 X = NEt_2

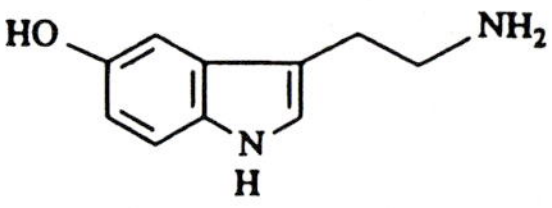

7.6

7.2 Synthese von Indolen

Wie es für einen großen Zweig der Heterocyclenchemie zu erwarten ist, wurden zahlreiche Indolsynthesen entwickelt. Wir beschränken uns hier auf zwei Methoden und beginnen mit der weit verbreiteten Fischer-Synthese.

Die Fischer-Synthese besteht aus der Kondensation eines Arylhydrazins mit einem Keton und der anschließenden Cyclisierung des so entstandenen Hydrazons unter sauren Bedingungen zum entsprechenden Indol, wie die Herstellung von 2-Phenylindol **7.9** veranschaulicht.

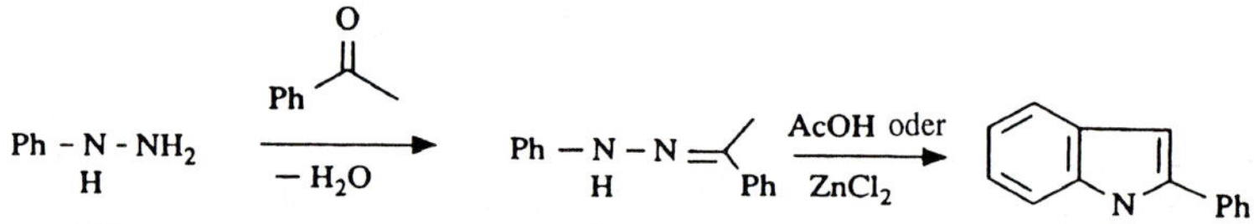

7.7 **7.8** **7.9**

Die eigentliche Cyclisierungsstufe ist nicht so nebensächlich wie es scheint. Der erste Schritt ist die säure-katalysierte Äquilibrierung zwischen dem Hydrazon **7.8** und dem Enhydrazin **7.10**. Die nächste, irreversible Stufe ist eine konzertierte elektrocyclische Reaktion, bei der eine schwache N-N-Bindung aufgebrochen und eine starke C–C-Bindung geknüpft wird. Das entstehende Imin **7.11** rearomatisiert augenblicklich durch Tautomerisierung zum Anilin. Abschließend entsteht durch sauer katalysierte Eliminierung von Ammoniak das Indol **7.9** – ein Schritt, der an die letzte Stufe der Knorr-Pyrrolsynthese erinnert (Kapitel 2).

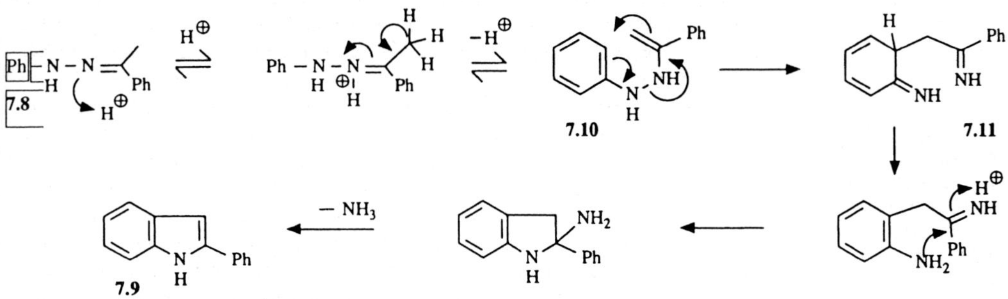

Die elektrocyclische Reaktion hat große Ähnlichkeit mit der Claisen-Umlagerung des Phenylallylethers **7.12** zum Phenol **7.13.**

Cope-Umlagerung

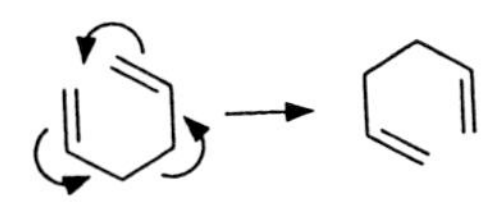

Claisen-Umlagerung

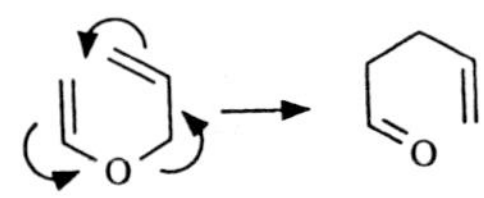

Aza-Cope-Umlagerung

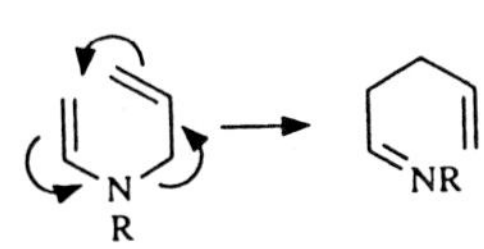

Diaza-Cope-Umlagerung

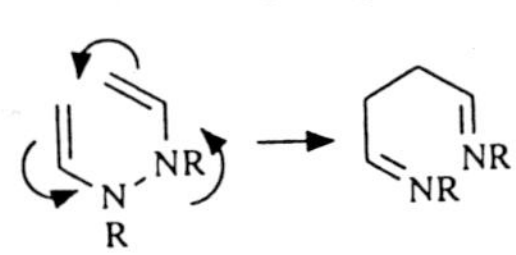

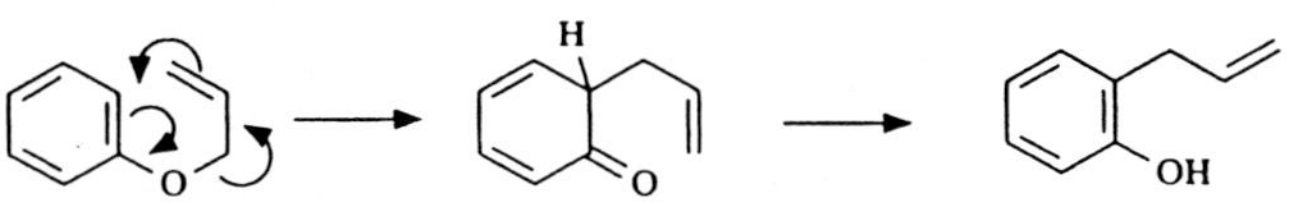

7.12 **7.13**

Nachfolgend sind einige Beispiele für die Fischer-Indolsynthese gegeben.

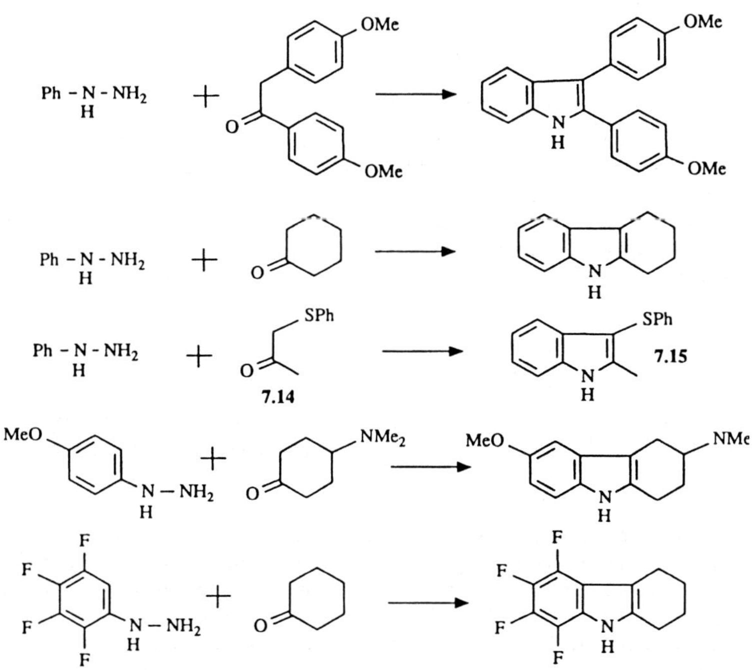

7.14 **7.15**

Bei Verwendung des unsymmetrischen Ketons **7.14** zur Herstellung des Indols **7.15** ergibt sich im Hinblick auf die Regioselektivität ein interessanter Punkt. Es können sich zwei Enhydrazine **7.16** und **7.17** bilden, die zu den Indolen **7.15** bzw. **7.18** führen würden.

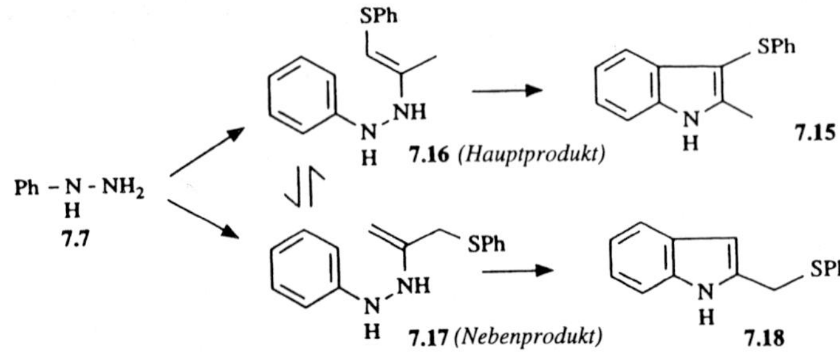

In solchen Fällen entsteht bevorzugt das thermodynamisch stabilere Enhydrazin, d.h. das mit der höher substituierten Doppelbindung. In diesem speziellen Beispiel liegt außerdem eine zusätzliche Stabilisierung durch Konjugation der freien Elektronenpaare am Schwefelatom mit der Doppelbindung vor. Die Regioselektivität bei der Bildung des Enhydrazins äußert sich dann in der Regioselektivität der Indolbildung.

Die neuere Leimgruber-Synthese wird anhand der Aminomethylenierung von Nitrotoluol **7.19** zu **7.20** und anschließender Hydrierung zu Indol **7.1** erklärt.

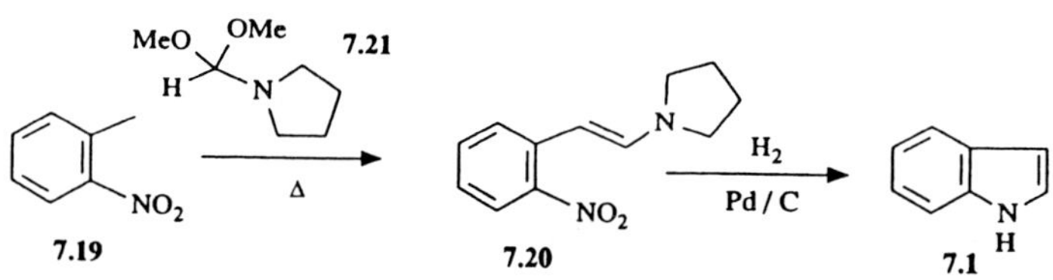

Das Formylpyrrolidinacetal **7.21** und Nitrotoluol **7.19** verbinden sich zum elektrophilen Kation **7.22** und zum nucleophilen Carbanion **7.23a,b**, die sich miteinander zum Enamin **7.20** umsetzen.

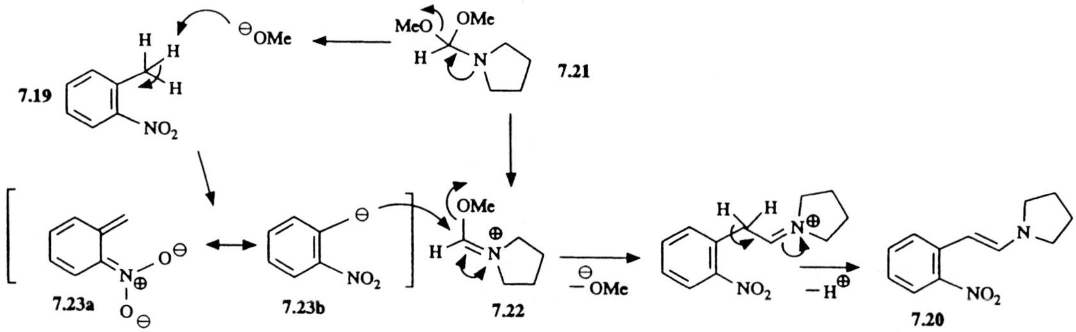

Bei der Hydrierung des Enamins **7.20** wird die Nitrogruppe zum Anilin **7.24** reduziert, durch anschließende Eliminierung von Pyrrolidin entsteht Indol **7.1**. Bemerkenswert ist die Ähnlichkeit dieser Ringschlußreaktion mit dem letzten Schritt der Fischer-Synthese. In beiden Fällen hat das entstehende C2-Kohlenstoffatom formal die Oxidationsstufe eines Carbonylkohlenstoffatoms, auch wenn es entweder als Imin (Fischer-Synthese) oder als Enamin (Leimgruber-Synthese) vorliegt. Die Eliminierung von Ammoniak bzw. Pyrrolidin entspricht einem Kondensationsprozeß unter Eliminierung von Wasser (z.B. in der Knorr-Pyrrolsynthese).

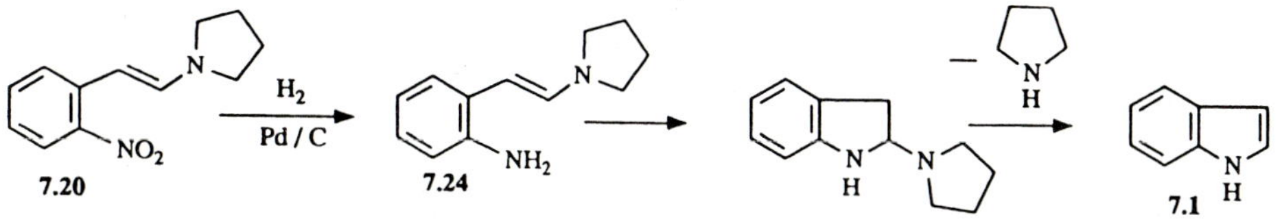

Im folgenden sind einige Beispiele für die Leimgruber-Synthese gezeigt.

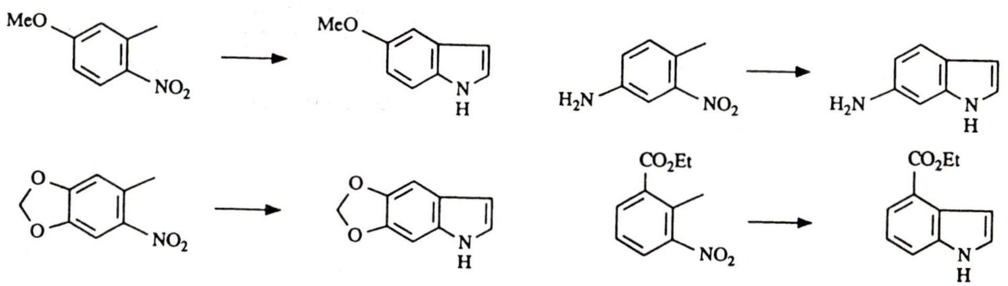

7.3 Elektrophile Substitution von Indolen

Indol geht als elektronenreicher Heterocyclus leicht elektrophile Substitutionsreaktionen ein. Während Pyrrol jedoch vorzugsweise an den C2-/C5-Positionen reagiert (siehe Kapitel 2), wird Indol hauptsächlich in C3-Stellung substituiert.

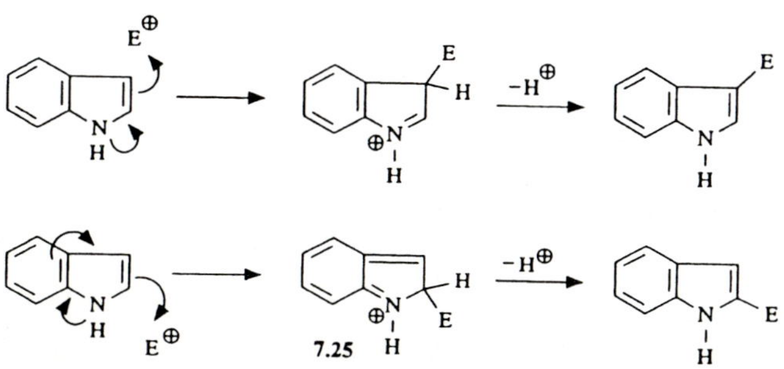

Dies läßt sich unter anderem dadurch erklären, daß ein Angriff in C2-Stellung zu einer Unterbrechung der Aromatizität des benzoiden Rings wie in der Zwischenstufe **7.25** führt. Diese ist somit eine hochenergetische Zwischenstufe und der Reaktionsweg langsamer, da der erste Schritt geschwindigkeitsbestimmend ist. Auch ist die C3-Selektivität im Einklang mit dem Angriff des Elektrophils am Ort höchster Elektronendichte im Ring. Im wesentlichen reagiert Indol mit Elektrophilen wie ein Enamin, wobei die

Substitution in C3-Stellung eintritt. Ist diese blockiert, kann auch eine Substitution an der C2-Position stattfinden.

Indol selbst ist unter den mineralsauren Bedingungen einer Nitrierung instabil. Die Nitrierung substituierter Indole ist verhältnismäßig kompliziert, das Ergebnis hängt von den genauen Reaktionsbedingungen ab.

Wie Pyrrol geht auch Indol leicht die Mannich-Reaktion zum Aminomethylderivat **7.26** ein. Das Amin läßt sich *via* Eliminierung und anschließende 1,4-Addition, z.B. bei der Herstellung des Acetats **7.27**, durch eine Vielzahl von Nucleophilen ersetzen.

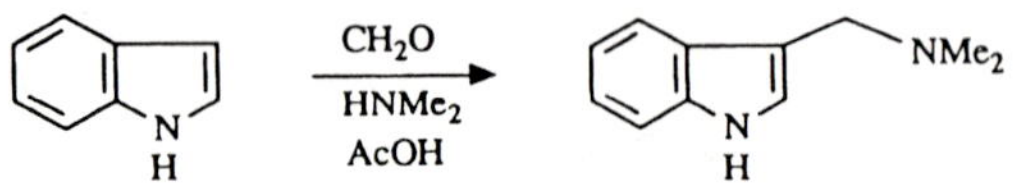

7.1 **7.26**

Diese Verbindung ist die reaktive elektrophile Species der Mannich-Reaktion.

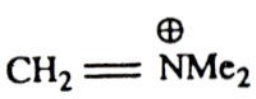

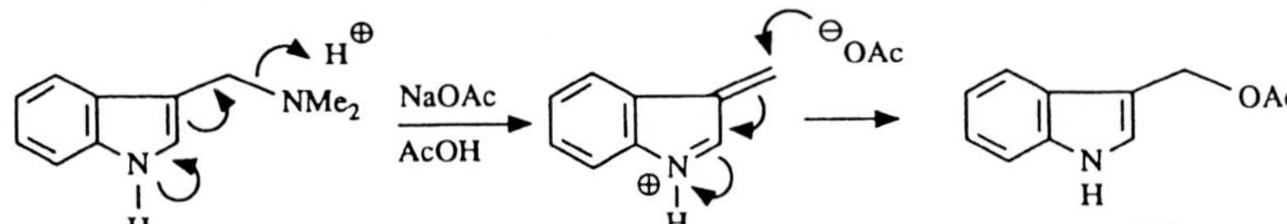

7.27

Außerordentlich gut verläuft die Vilsmeier-Reaktion mit Indolen zu Aldehyden wie **7.28**.

Diese Verbindung ist die reaktive elektrophile Species der Vilsmeier-Reaktion.

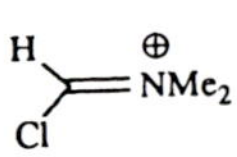

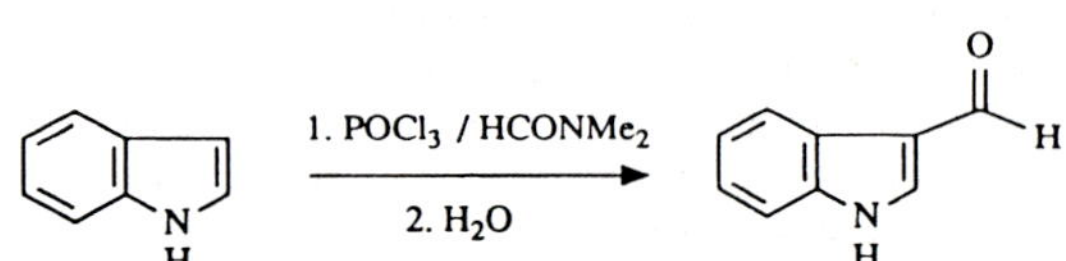

7.1 **7.28**

Der Aldehyd **7.28** ist eine weitere, synthetisch wertvolle Zwischenstufe, die mit aktiven Methylenverbindungen wie Malonsäure und Nitromethan leicht Kondensationsreaktionen zu **7.29** und **7.30** eingeht.

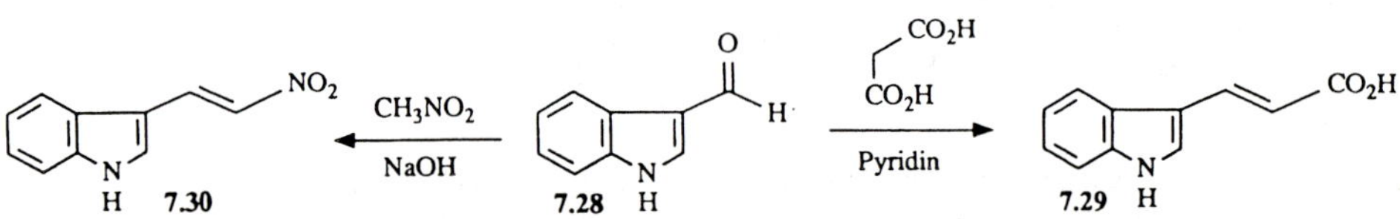

7.30 **7.28** **7.29**

Eine Acylierung der C3-Position läßt sich auch mit Säurechloriden erreichen, wie die Synthese des Indols **7.34**, eines Medikaments zur Behandlung von Depressionen, zeigt. Die Umsetzung des Indols **7.31** mit Oxalylchlorid ergibt das C3-substituierte Produkt **7.32**, obwohl der Benzolring sehr elektronenreich ist. Der Umwandlung zum Amid **7.33** folgt eine Reduktion mit Lithiumaluminiumhydrid, bei der beide Carbonylgruppen unter Bildung der Zielverbindung **7.34** reduziert werden.

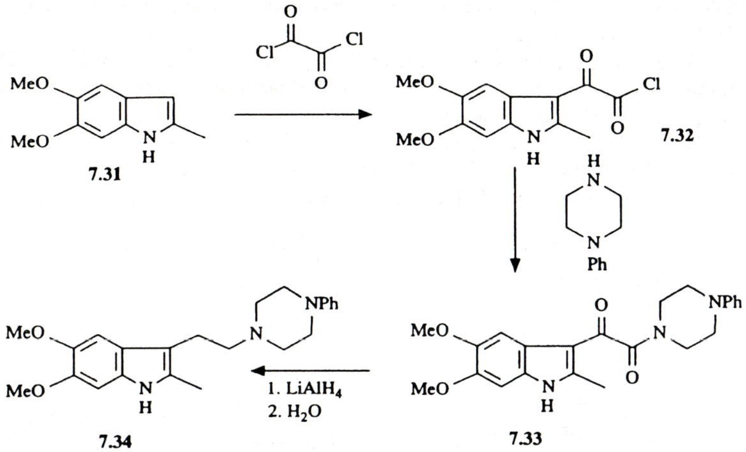

7.4 Chemie der Anionen von Indol

Bei der Behandlung von Indol (pK_a=17) mit starken Basen wie Butyllithium, Grignard-Reagentien oder Metallhydriden entsteht das entsprechende Indolyl-Anion, das mit Elektrophilen entweder am Stickstoff oder an der C3-Position reagiert. In Gegenwart von Lithium, Natrium oder Kalium als Gegenion neigt das Indolyl-Anion, wie bei der Herstellung von **7.35,** zur Reaktion am Stickstoff. Mit Magnesium als Gegenion hat die Zwischenstufe im wesentlichen kovalente statt ionische Struktur, und die Umsetzung findet eher an der C3-Position statt, wie die Synthese von **7.36** zeigt.

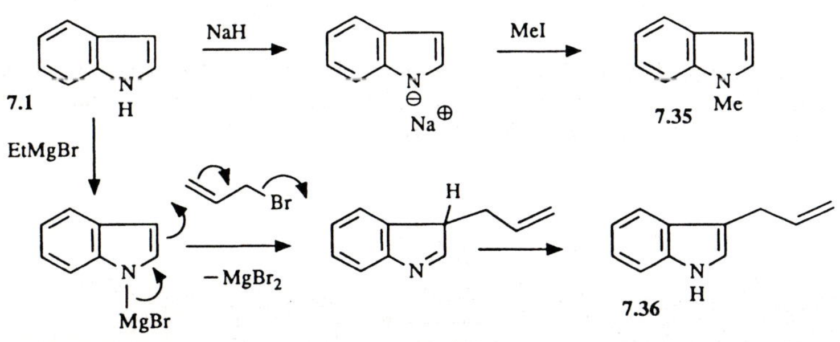

Ist das Stickstoffatom blockiert, tritt die Deprotonierung in C2-Stellung, in Nachbarschaft zum elektronegativen Heteroatom, ein. Auf diese Weise lassen sich Elektrophile in diese Position einführen, wodurch die C3-Selektivität der klassischen elektrophilen Substitution ergänzt wird. Beispielsweise kann auf diesem Weg der Alkohol **7.37** mit Ethylenoxid als Elektrophil hergestellt werden.

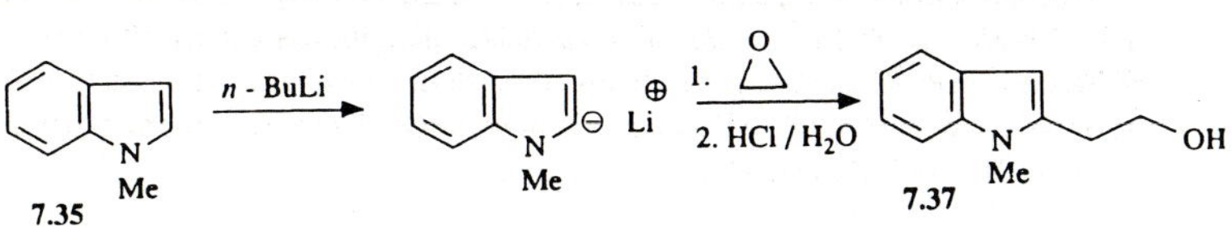

7.5 Übungen

1. Schlagen Sie eine Synthese des als Antidepressivum verwendeten Medikaments **7.38** vor.

7.38

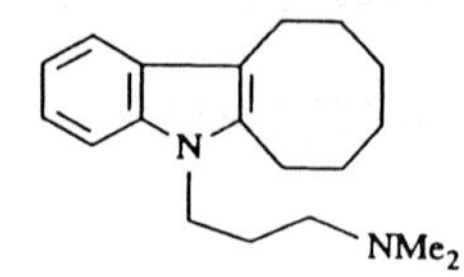

2. Das Formelschema zeigt die Synthese des Aminoesters **7.41**. Nach welchem Mechanismus wird **7.39** in **7.40** überführt?

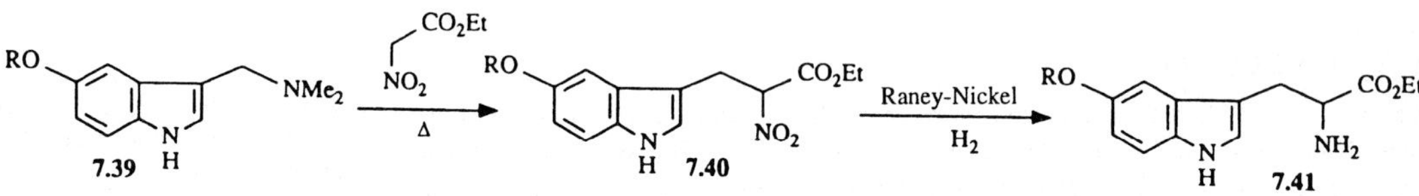

R = $PhCH_2$

3. Das Imin **7.43** sollte aus dem Indol **7.42** durch Deprotonierung in C2-Stellung, Umsetzung mit Benzonitril und anschließende wäßrige Aufarbeitung hergestellt werden. Als Produkte wurden jedoch das Keton **7.44** und das Sulfonamid **7.45** isoliert. Begründen Sie diese Beobachtung.

7.42

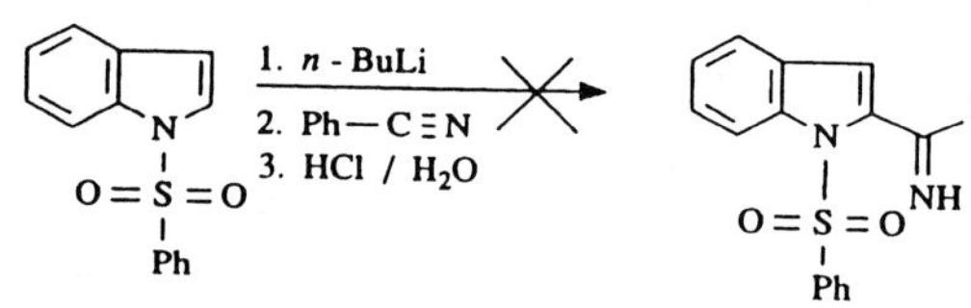

7.43

7.44

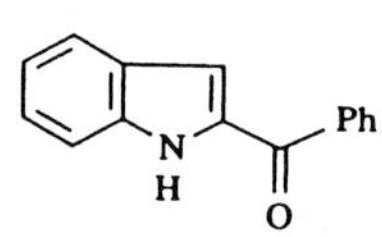

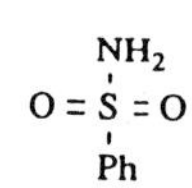

7.45

7.6 Literatur

Brown, R.T. und Joule, J.A. (1979). In *Heterocyclic chemistry* (Hrsg. P.G. Sammes) (*Comprehensive organic chemistry* Vol. 4 , Hrsg. D. Barton und W.D. Ollis), S. 411 (Indole und verwandte Systeme). Pergamon Press, Oxford.

Furniss, B.S., Hannaford, A.J., Smith, P.W.G. und Tatchell, A.R. (1989). *Vogel's textbook of practical organic chemistry* (5. Aufl.), S. 1161 (Herstellung des Indols **7.9**). Longman, Harlow.

Houlihan, W.J. (Hrsg.) (1972). *Indoles* (*The chemistry of heterocyclic compounds* [Hrsg. A. Weissburger und E.C. Taylor], Vol. 25, Teile 1-3). Wiley Interscience, New York.

Leimgruber, W. (1985). *Organic syntheses,* **63**, 214 (Indolsynthese).

Robinson, B. (1969). *Chem. rev.,* **69**, 227 (Fischer-Indolsynthese).

Saxton, J.E. (Hrsg.) (1979). *Indoles* (*The chemistry of heterocyclic compounds* [Hrsg. A. Weissburger und E.C. Taylor], Vol. 25, Teil 4). Wiley Interscience, New York.

Sundberg, R.J. (1970). *The chemistry of indoles.* Academic Press, New York.

8 Fünfgliedrige Heterocyclen mit drei oder vier Heteroatomen

8.1 Einführung

Zu der umfangreichen Kategorie der Fünfringe mit drei oder vier Heteroatomen gehören viele heterocyclische Systeme. Es liegt nahe, daß bei einer so großen Gruppe von Heterocyclen beträchtliche Unterschiede in den physikalischen und chemischen Eigenschaften auftreten. So wird Oxadiazol **8.3** als weniger aromatisch angesehen als Triazol **8.8** oder Tetrazol **8.9**.

Bemerkenswert ist die Parallelität zu Furan, das weniger aromatisch als Pyrrol ist, Kapitel 2.

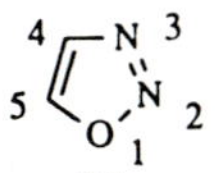

8.1

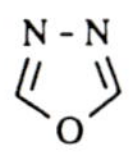

8.2

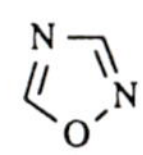

8.3

Oxadiazole

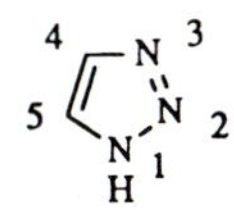

8.7

Triazole

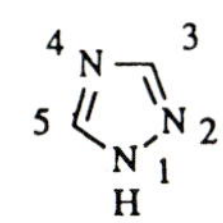

8.8

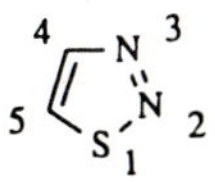

8.4

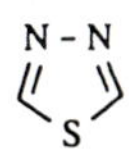

8.5

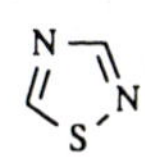

8.6

Thiadiazole

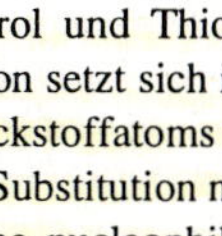

Tetrazol

8.9

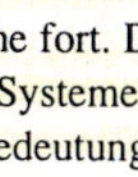

Oxatriazol

8.10

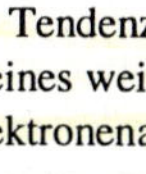

Thiatriazol

8.11

Dennoch haben diese Heterocyclen bestimmte Gemeinsamkeiten. Die bereits besprochene, von Furan, Pyrrol und Thiophen zu den Azolen abnehmende Tendenz zur elektrophilen Substitution setzt sich in dieser Reihe fort. Das Vorliegen eines weiteren „pyridin-ähnlichen" Stickstoffatoms macht diese Systeme besonders „elektronenarm", so daß die elektrophile Substitution nur geringe Bedeutung hat.

Umgekehrt findet eine nucleophile Substitution (wie sie in den vorangegangenen Kapiteln über 1,3-Azole und Pyridine beschrieben wurde) dieser Systeme statt, insbesondere, wenn das betreffende Kohlenstoffatom zwischen zwei Heteroatomen liegt wie bei Austauschreaktionen des Oxadiazols **8.12** und des Tetrazols **8.13**.

Auch hier ist die Analogie zu Standardreaktionen von Carbonylverbindungen zu beachten.

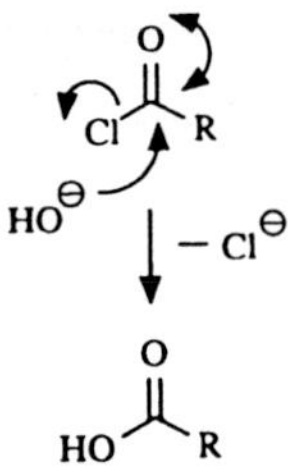

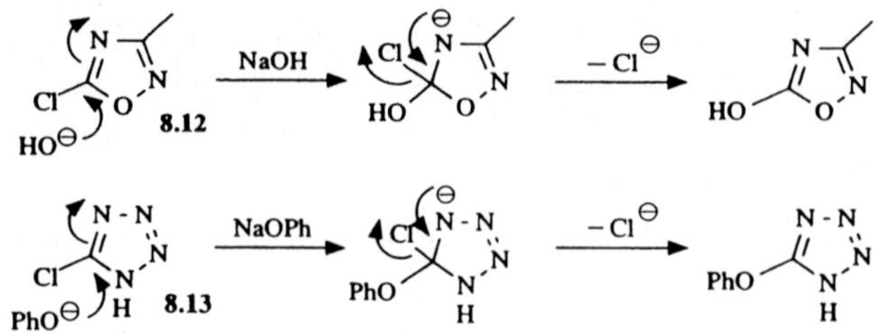

8.12

8.13

Eine weitere Ähnlichkeit mit Azolen besteht in der Deprotonierung von Alkylsubstituenten zwischen zwei Heteroatomen und der anschließenden Umsetzung des entstandenen Carbanions mit Elektrophilen wie die Herstellung des Oxadiazols **8.14** zeigt.

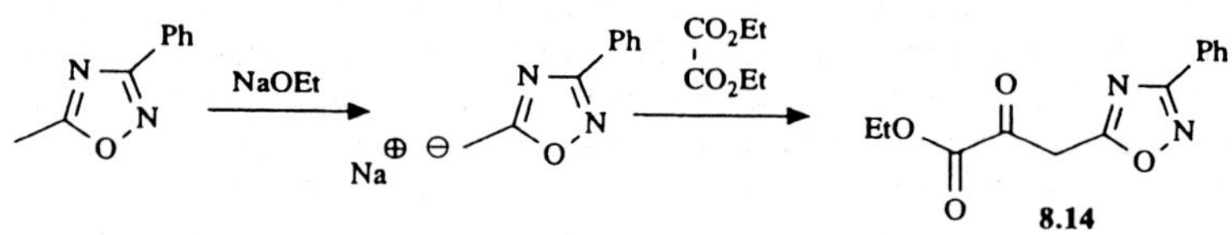

8.14

Für bestimmte Verbindungen dieser Reihe ist auch eine Deprotonierung des Rings bekannt. Das Carbanion **8.15** ist bei niedriger Temperatur (–70 °C) stabil und läßt sich mit Elektrophilen umsetzen, zersetzt sich aber beim Erwärmen auf Raumtemperatur unter Aufbrechen des Rings und Stickstoffabspaltung. Diese Fragmentierung erinnert an die basenkatalysierte Spaltung von Isoxazolen (Kapitel 4).

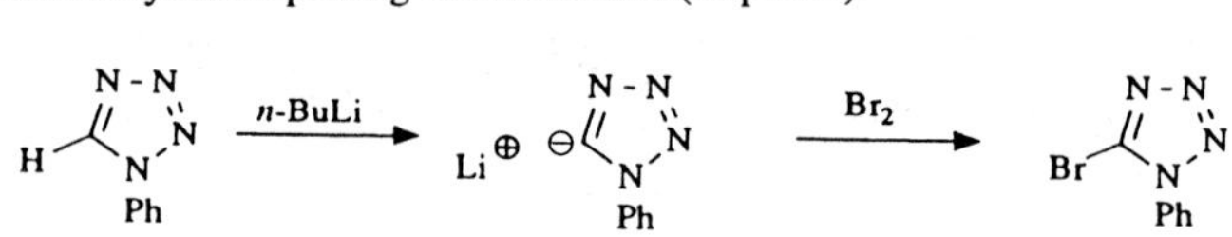

8.15

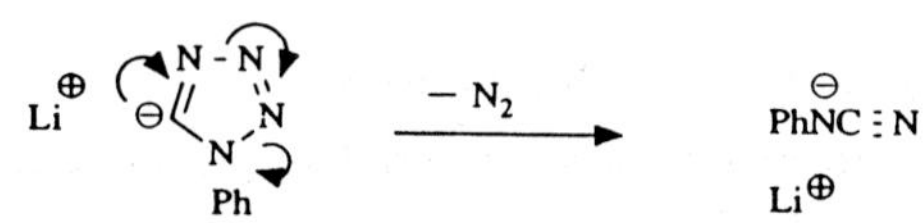

8.15

Aus Gründen der Einfachheit wird im folgenden die Synthese von nur drei Verbindungen dieser Reihe behandelt, nämlich 1,2,4-Oxadiazol **8.3**, 1,2,3-Triazol **8.7** und Tetrazol **8.9.**

8.2 Synthese von 1,2,4-Oxadiazolen

Durch Aufbrechen der C5-Sauerstoffbindung in **8.16** entsteht der Iminoalkohol **8.17**, der als Amid **8.18** vorliegt. Die Spaltung der Amidbindung führt zu einer aktivierten Carbonsäure **8.20** und dem Amidoxim **8.19**, das das Heteroatom enthält.

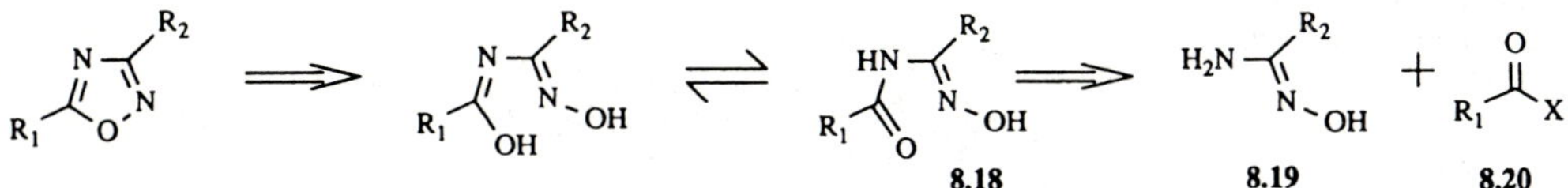

8.16 8.17 8.18 8.19 8.20

X = Abgangsgruppe

Amidoxime können durch säurekatalysierte Addition von Hydroxylamin an Nitrile hergestellt werden.

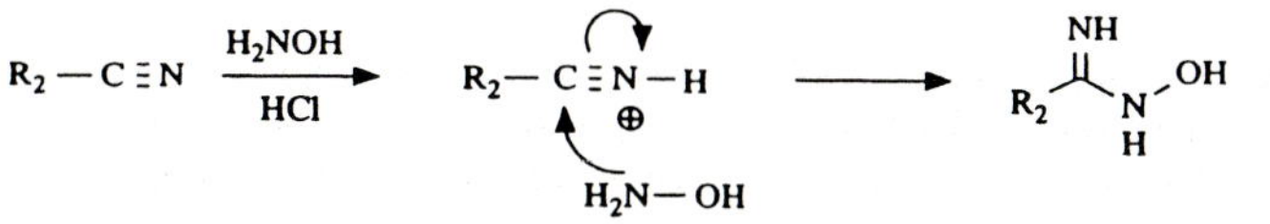

Ein Beispiel für diesen Zugang zu Oxadiazolen ist die Umwandlung des Esters **8.21** in das Oxadiazol **8.22**, das als potentieller Wirkstoff zur Behandlung der senilen Demenz hergestellt wurde. Einfache Ester sind im menschlichen Körper aufgrund der hohen Aktivität von Esterasen metabolisch instabil. Diese Enzyme katalysieren die Hydrolyse von Estern zu Carbonsäuren. Ein allgemeines Vorgehen in der Arzneimittelforschung zur Lösung des Problems der metabolischen Instabilität eines biologisch aktiven Esters besteht darin, die Estergruppe durch einen kleinen Heterocyclus (häufig Oxadiazol) zu ersetzen, um nach Möglichkeit ein biologisch aktives Molekül mit verbesserter metabolischer Stabilität herzustellen. Dieses Konzept, Molekülteile durch Gruppen mit weitgehend ähnlichen physikochemischen Parametern auszutauschen, ist als bioisosterer Ersatz bekannt. In diesem Fall imitiert das Oxadiazol **8.22** sowohl die physikalischen als auch die biologischen Eigenschaften von **8.21**, ist aber offenbar kein Substrat für Esterasen.

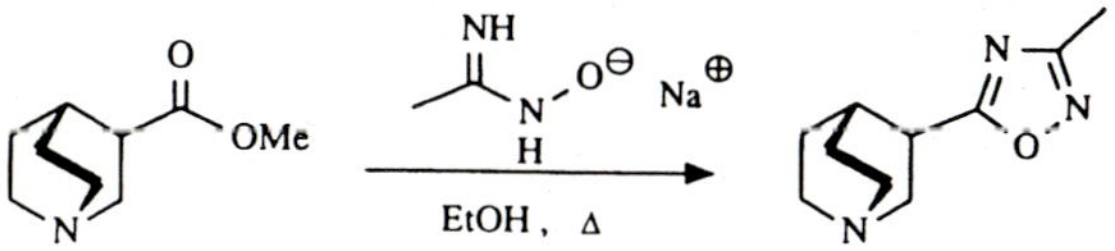

8.21 8.22

8.3 Synthese von 1,2,3-Triazolen

Diese Verbindungen werden am besten durch 1,3-dipolare Cycloaddition eines Azids und eines Acetylens hergestellt.

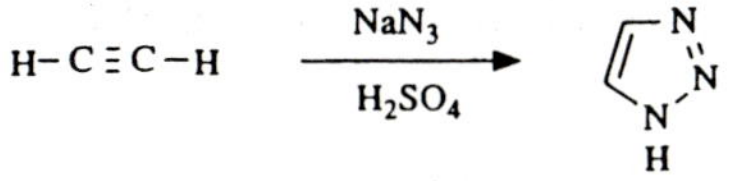

8.8

Beispielsweise entsteht Triazol **8.8** selbst durch Cycloaddition von Stickstoffwasserstoffsäure an Acetylen.

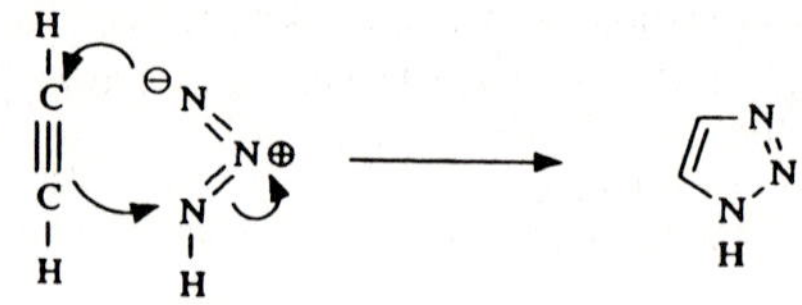

8.8

Obwohl sich für diese Reaktion ein einfacher Mechanismus aufstellen läßt, eignet er sich nur formal, um sicherzustellen, daß das Produkt die richtige Struktur erhält. In Wirklichkeit ist diese Umsetzung ein konzertierter Prozeß, und die üblichen Überlegungen über einen nucleophilen und elektrophilen Angriff können hier nicht angewendet werden.

Diese Cycloadditionen liefern hervorragende Ausbeuten, wenn das Acetylen – wie bei der Herstellung des Triazols **8.23** – elektronenanziehende Gruppen trägt.

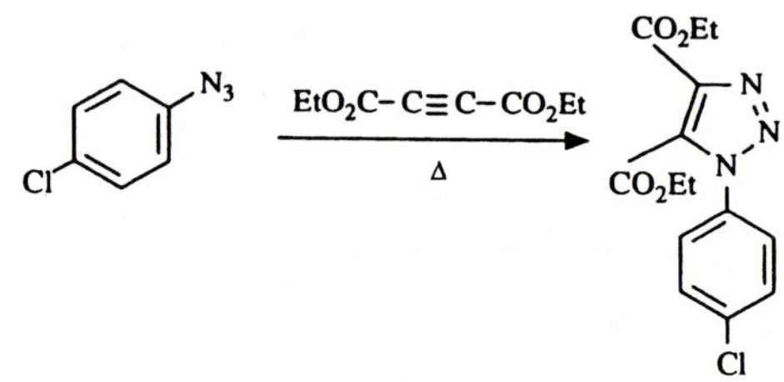

8.23

8.4 Synthese von Tetrazolen

Tetrazol selbst explodiert beim Erhitzen unter Abspaltung von zwei Molekülen Stickstoff.

Tetrazole der allgemeinen Struktur **8.24** lassen sich ähnlich wie Triazole herstellen, wobei anstelle von Acetylenen Nitrile eingesetzt werden. Auch hier ist die Reaktion mit Aziden ein konzertierter Cycloadditionsprozeß.

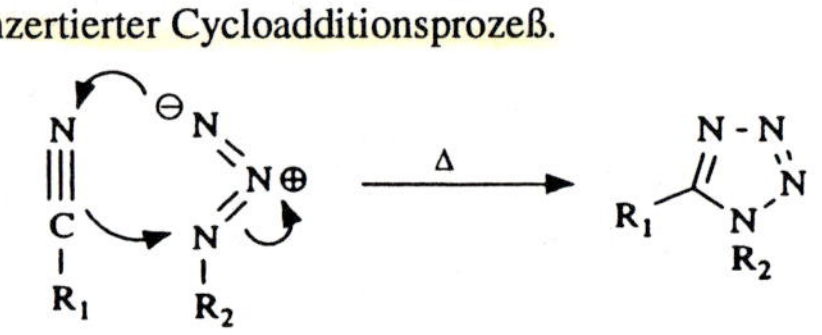

8.24

Wenden wir uns nun der Synthese des Tetrazols **8.27** zu, einem Inhibitor des Enzyms Ornithindecarboxylase, das die Umwandlung von Ornithin **8.25** zum Diamin **8.26** katalysiert.

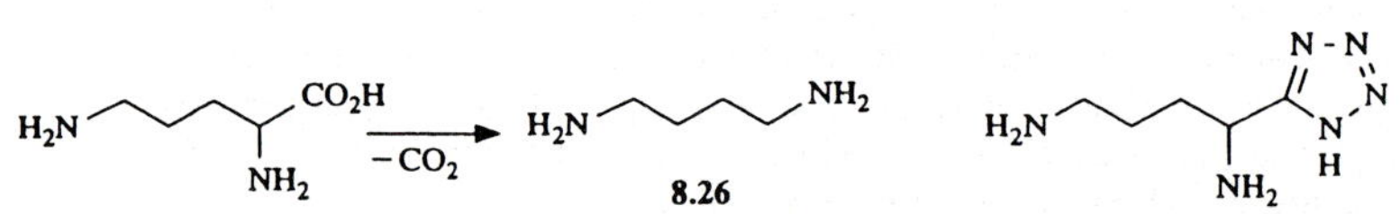

8.25 8.26 8.27

Die Tetrazolgruppe ist als kleiner, polarer, acider Heterocyclus ein hervorragender bioisosterer Ersatz für eine Carbonsäure.

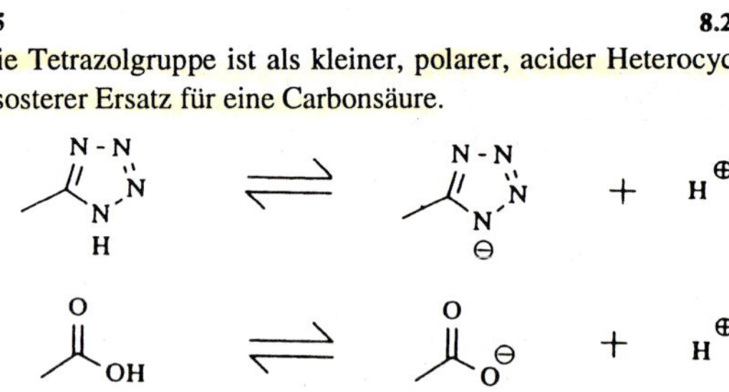

pKa = 5.63

pKa = 4.76

Das Tetrazol **8.27** ist dem Ornithin **8.25** in den physikalischen Eigenschaften ähnlich genug, um an die aktive Stelle des Enzyms zu binden. Da es jedoch offensichtlich nicht decarboxylieren kann, wirkt es als Enzyminhibitor.

Die Synthese beginnt mit der Alkylierung des aus dem Cyanoester **8.29** stammenden stabilen Carbanions durch das Jodid **8.28** zum Addukt **8.30**.

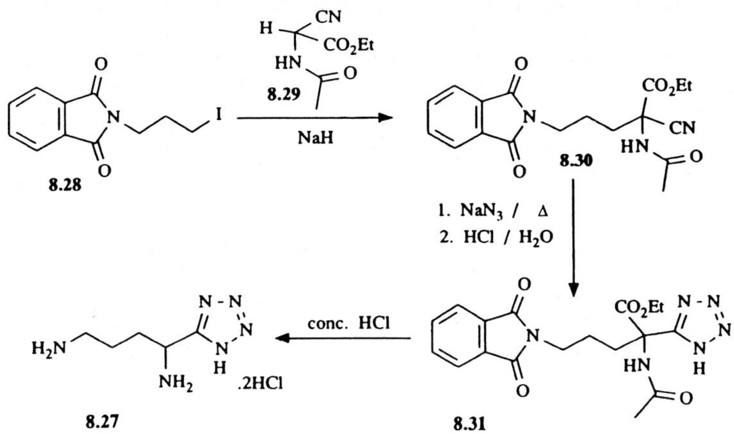

Durch Cycloaddition mit Natriumazid und anschließendes Ansäuern bei der wäßrigen Aufarbeitung entsteht das Tetrazol **8.31**.

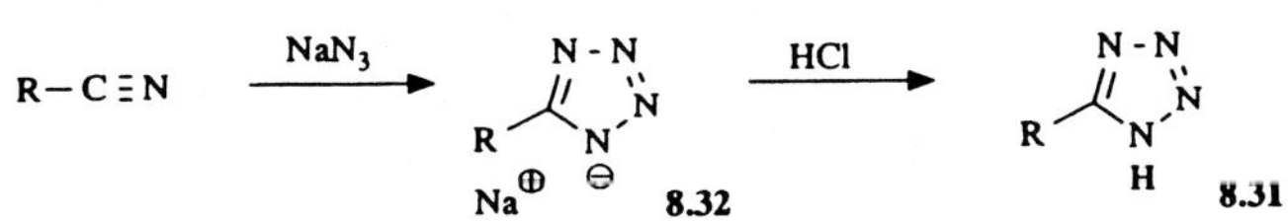

In Wirklichkeit entsteht bei der Cycloaddition zuerst das Natriumtetrazolatsalz **8.32**, das dann zum neutralen Tetrazol **8.31** protoniert wird. Eine länger andauernde saure Hydrolyse bewirkt mehrere Umwandlungen: die hydrolytische Abspaltung der Phthalimid- und der Acetylschutzgruppe am Stickstoff und die Hydrolyse/ Decarboxylierung des Esters. Als Endergebnis wird das gewünschte Tetrazol **8.27** in Form des Dihydrochlorids erhalten. Diese tetrazolgestützte Decarboxylierung ist der Decarboxylierung des Malonsäurehalbesters **8.33** mechanistisch sehr ähnlich.

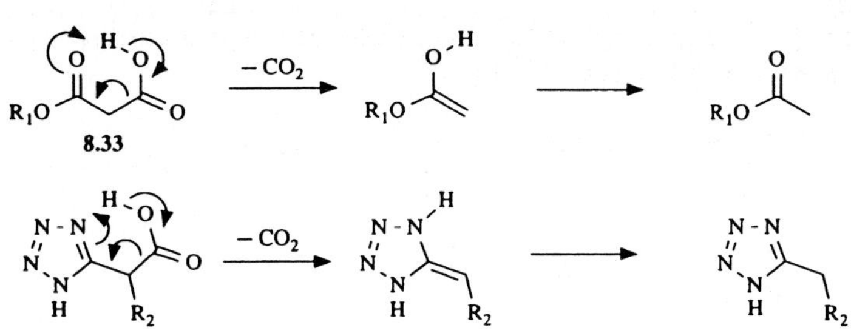

8.5 Übungen

1. Triazole und Tetrazole können unter basischen Bedingungen am Stickstoff alkyliert werden, wie die Synthese des klinisch verwendeten Fungizids **8.35** zeigt, bei der 1,2,4-Triazol durch ein Chlormethylketon und ein Epoxid, beides gute Alkylierungsmittel, alkyliert wird. Nach welchem Mechanismus bildet sich das Epoxid **8.34**? Welche der Verbindungen **8.34** und **8.35** ist achiral, welche racemisch?

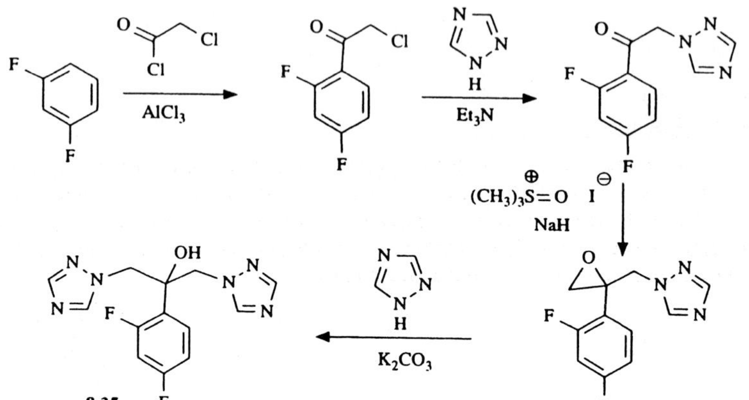

8.35 **8.34**

2. Welcher Mechanismus liegt der Bildung des Oxadiazols **8.22** zugrunde?

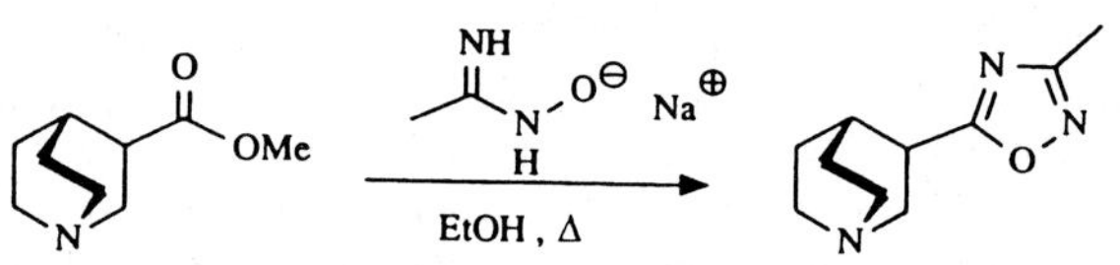

8.21 **8.22**

8.6 Literatur

Butler, R.N. (1977). *Adv. heterocyclic chem.*, **21**, 323 (Tetrazole).

Clapp, L.B. (1976). *Adv. heterocyclic chem.*, **20**, 65, (1,2,4-Oxadiazole).

Gilchrist, T.L. (1985). *Heterocyclic chemistry*, S. 81 (1,3-Dipolare Cycloadditionen in der Heterocyclensynthese). Longman, Harlow.

Gilchrist, T.L. und Gymer, G.E. (1974). *Adv. heterocyclic chem.*, **16**, 33 (1,2,3-Triazole).

Grimmett, M.R. (1979). In *Heterocyclic chemistry* (Hrsg. P.G. Sammes) (*Comprehensive organic chemistry* Vol. 4, Hrsg. D. Barton und W.D. Ollis), S. 357 (Triazole und Tetrazole). Pergamon Press, Oxford.

9 Sechsgliedrige Heterocyclen mit einem Sauerstoffatom

9.1 Einleitung

Das Pyryliumkation **9.1**, 2-Pyron **9.2**, 4-Pyron **9.3** und ihre benzokondensierten Analoga, das Benzopyryliumkation **9.4**, Cumarin **9.5** und Chromon **9.6** sind die Stammverbindungen einer Reihe heterocyclischer Sechsringe mit einem Sauerstoffatom. Den Anstoß zu Forschungen auf diesem Gebiet gab die riesige Zahl pflanzlicher Naturstoffe mit Benzopyrylium-, Cumarin- und Chromonstrukturen.

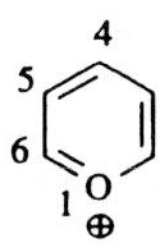
9.1

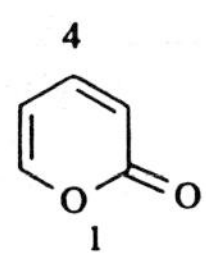
9.2

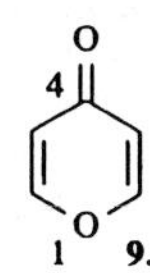
9.3

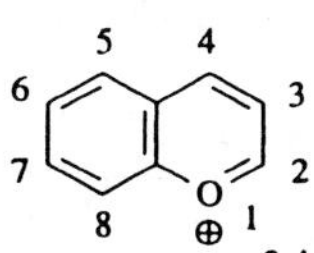
9.4

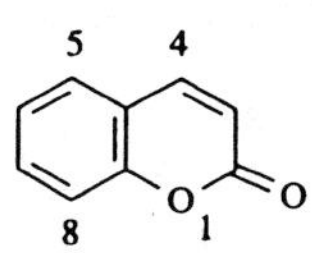
9.5

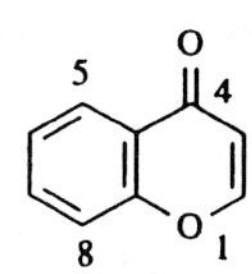
9.6

In der Naturstoffchemie wird das zwischen einem aliphatischen oder einem aromatischen Alkohol und einem Zucker gebildete Acetal als Glycosid bezeichnet.

Die roten, violetten und blauen Farbstoffe von Blütenblättern, Anthocyanine genannt, sind Glykoside verschiedener Benzopyryliumkationen. Delphinidinchlorid **9.7** ist beispielsweise ein blaues Pigment. Khellin **9.8** ist ein Naturstoff, der klinische Anwendung zur Behandlung von Bronchialasthma fand und Ausgangspunkt für die Entwicklung zahlreicher vollsynthetischer Chromone mit verbesserten biologischen Eigenschaften war.

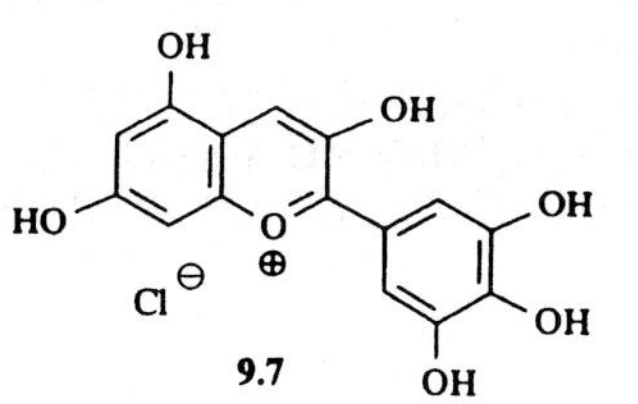
9.7

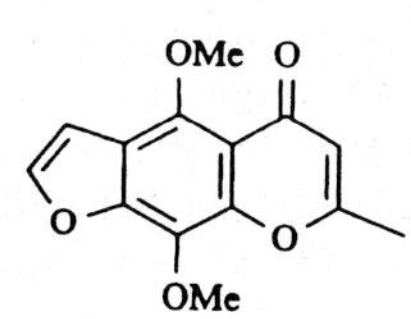
9.8

Cumarin **9.5** selbst ist ein Naturstoff, der in Lavendelöl vorkommt und in mehr als sechzig Pflanzenarten nachgewiesen wurde.

Das Pyryliumkation **9.1** ist das Sauerstoffanaloge von Pyridin und besitzt ein aromatisches 6π-Elektronensystem. Als Kation reagiert es mit Nucleophilen und wird leicht zum Dialdehyd **9.9** hydrolysiert. Diese Reaktionen sind reversibel, ein Umstand, der für eine Synthese von **9.1** aus **9.9** genutzt wird. Bei niedrigem pH (hoher Acidität) liegt das Gleichgewicht auf der Seite der Pyryliumform **9.1**. Wird das Reaktionsmedium aber basisch, tritt Hydrolyse von **9.1** zu **9.9** ein, da bei der Umwandlung des Pyryliumkations **9.1** zum neutralen Aldehyd **9.9** ein Mol Hydroxid verbraucht wird. Eine Zunahme der Hydroxidkonzentration verschiebt daher das Gleichgewicht von links nach rechts.

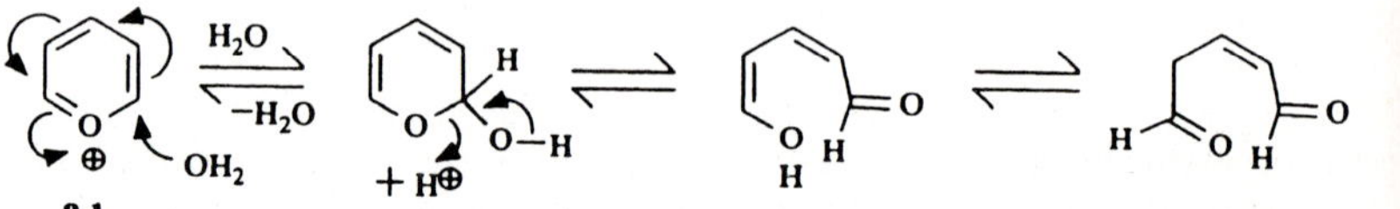

9.1 **9.9**

Die Carbonylgruppen von 4-Pyron und 4-Pyridon absorbieren bei etwa 1650 cm^{-1} bzw. 1550 cm^{-1}. Die niedrigere Energie der Pyridonabsorption ist Ausdruck für höheren Einfachbindungscharakter und damit größere Delokalisation.

Im Gegensatz zum Pyryliumkation wird den 2- und 4-Pyronen nur verhältnismäßig geringer aromatischer Charakter zugeschrieben. Während bei den analogen Stickstoffverbindungen 4-Pyridon **5.23** signifikant aromatischen Charakter aufweist (die mesomere Struktur **5.23a** trägt erheblich zur Gesamtelektronenverteilung bei), macht die aromatische mesomere Darstellung **9.3a** einen geringeren Beitrag zur Gesamtelektronenstruktur von 4-Pyron aus. Wie beim Furan führt die höhere Elektronegativität des Sauerstoffs in Fällen, in denen die Delokalisierung der Elektronen vom Heteroatom zum Erreichen der Aromatizität erforderlich ist, zu Heterocyclen mit geringer Aromatizität.

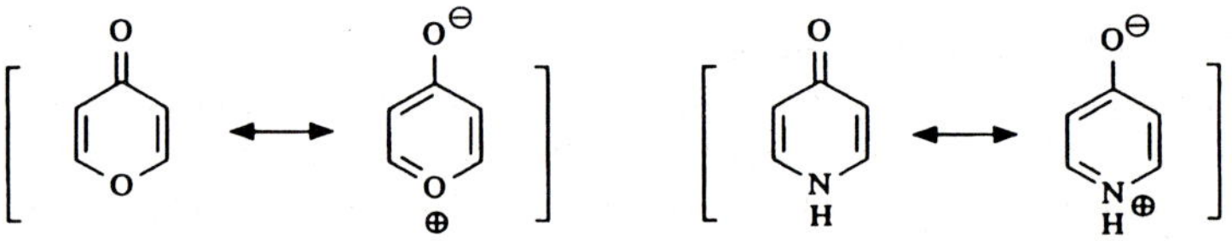

9.3 **9.3a** **5.23** **5.23a**

Wir kommen nun zur Synthese eines Pyryliumsalzes, eines Cumarins und eines Chromons.

9.2 Synthese eines Pyryliumsalzes

Die Herstellung des Salzes **9.12** ist ein typisches Beispiel für die Synthese eines Pyryliumsalzes. Die Vorstufe von **9.12** ist das Pyran **9.11**, das aus dem 1,5-Diketon **9.10** durch Wasserabspaltung zugänglich ist. Bemerkenswert ist die Ähnlichkeit dieser Reaktionssequenz mit der Hantzsch- Synthese für Pyridin, Kapitel 5. Die Cyclisierung eines Diketons unter Wasserstoffabspaltung zum Sauerstoffheterocyclus **9.11** erinnert ferner an die Furansynthese, Kapitel 2.

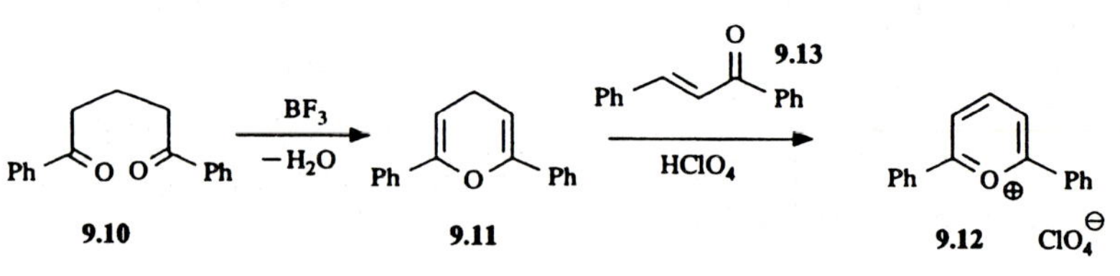

9.10 **9.11** **9.12** $ClO_4^{\ominus}$

Um das Pyran **9.11** in das Pyryliumkation zu überführen, muß aus der C4-Position ein Wasserstoffatom entfernt werden, das aber nicht als Proton, sondern als *negativ geladenes Hydridion* abgespalten wird. Dieser Prozeß ist demzufolge eine *Oxidation* des Pyrans **9.11**.

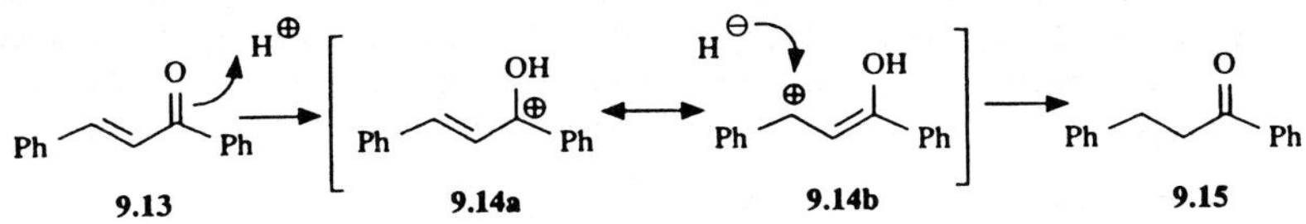

9.13 **9.14a** **9.14b** **9.15**

Ein geeignetes Oxidationsmittel ist das Kation **9.14a,b**, das aus dem α,β-ungesättigten Keton **9.13** durch Protonierung unter stark sauren, wasserfreien Bedingungen zugänglich ist. Durch Abfangen dieses Kations mit dem Hydridion aus der C4-Position von **9.11** entsteht das gesättigte Keton **9.15**. Nachstehend ist die Gesamtreaktion gezeigt.

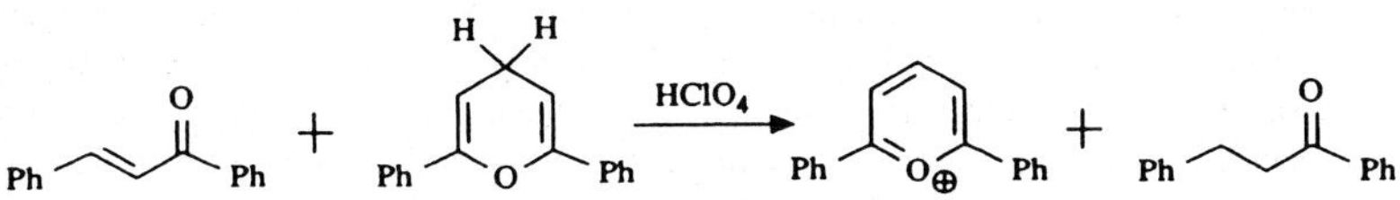

9.13 **9.11** **9.12** **9.15**

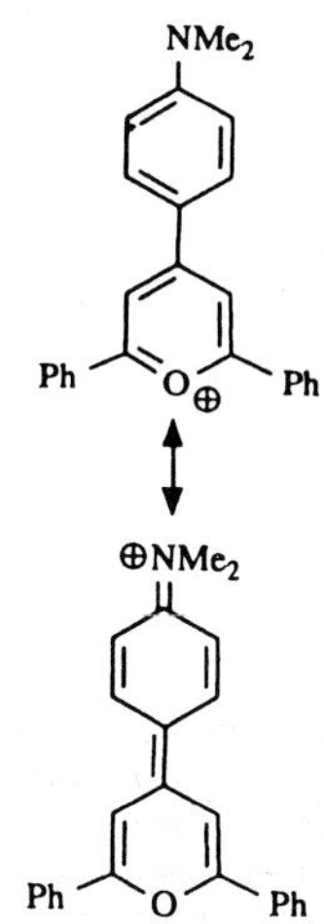

Die meisten Pyryliumsalze tragen in C2-, C4- oder C6-Stellung aromatische Elektronendonorsubstituenten, die die positive Ladung durch Resonanz stabilisieren.

9.3 Synthese von Cumarinen

Wir betrachten die Synthese des Bromcumarins **9.16**, einer Verbindung mit biologischer Aktivität gegen parasitäre Trematoden, die Schistosomiasis hervorrufen, eine in tropischen Regionen weit verbreitete Krankheit. Die retrosynthetische Spaltung des Lactons **9.16** führt zum Diester **9.17**, der im Prinzip durch Kondensation des *ortho*-Hydroxybenzaldehyds **9.18** mit Malonsäurediethylester zugänglich ist.

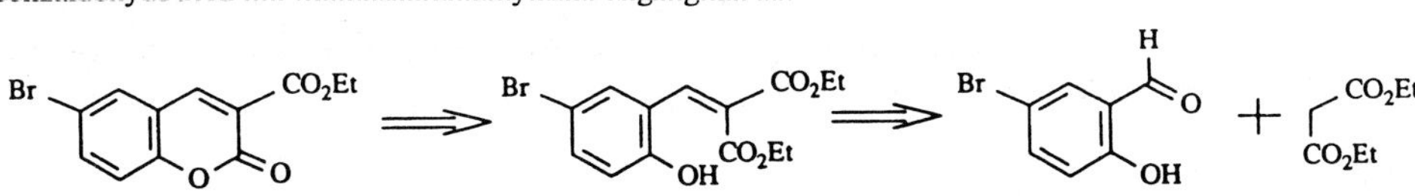

9.16 **9.17** **9.18**

In der Praxis führt eine Knoevenagel-Kondensation ohne Isolierung des Diesters **9.17** direkt zum Cumarin **9.16**. Das folgende Schema zeigt den Mechanismus dieser Reaktion.

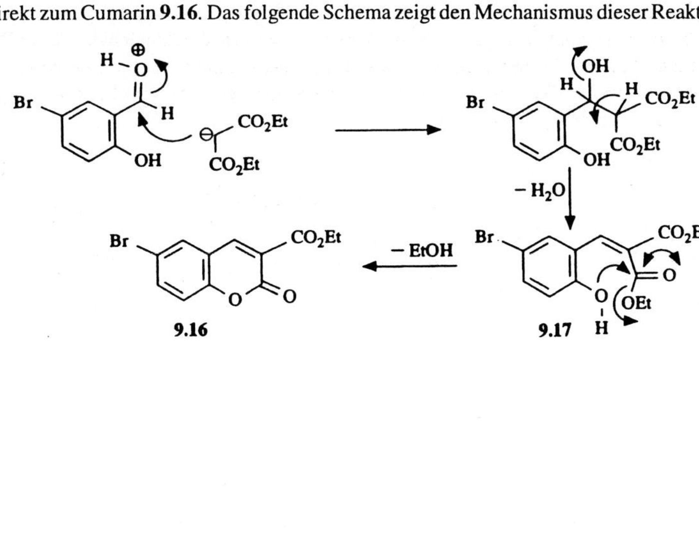

9.16 **9.17**

9.4 Synthese von Chromonen

Die Herstellung von Chromonen läßt sich anhand der Synthese von Flavon **9.19** erläutern, der Stammverbindung zahlreicher Naturstoffe. Durch Trennung der Kohlenstoff-Sauerstoff-Bindung auf die übliche Weise entsteht das Enol **9.20**, das als 1,3-Diketon **9.21** existiert. Die 1,3-Dicarbonylgruppierung kann auf klassischem Weg zum ortho-Hydroxyacetophenon **9.22** abgebaut werden. Im Mittelpunkt des Syntheseproblems steht ein Verfahren für die C-Benzoylierung des aus **9.22** erhältlichen Enolats mit einem aktivierten Benzoesäurederivat **9.23**.

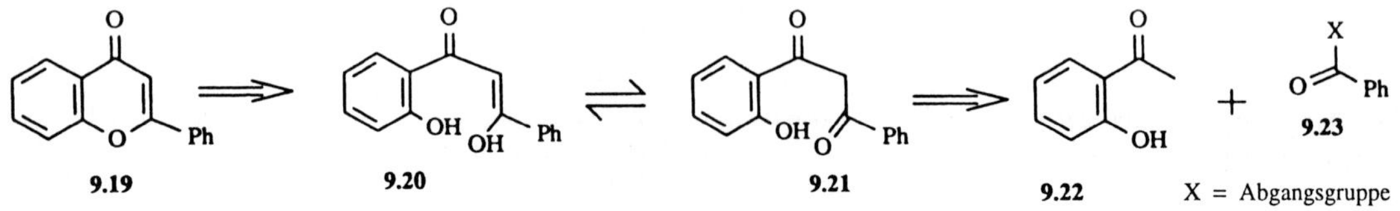

In der Praxis beginnt die Konstanecki-Robinson-Synthese von Chromonen nicht mit der C-Benzoylierung, sondern mit einer O-Benzoylierung zum Ester **9.24**. Durch basenkatalysierte Umlagerung entsteht daraus über die intramolekulare Benzoylierung des intermediär auftretenden Enolats das gewünschte 1,3-Diketon **9.21**. Aus diesem wird dann durch säurekatalysierte Wasserabspaltung Flavon **9.19** erhalten.

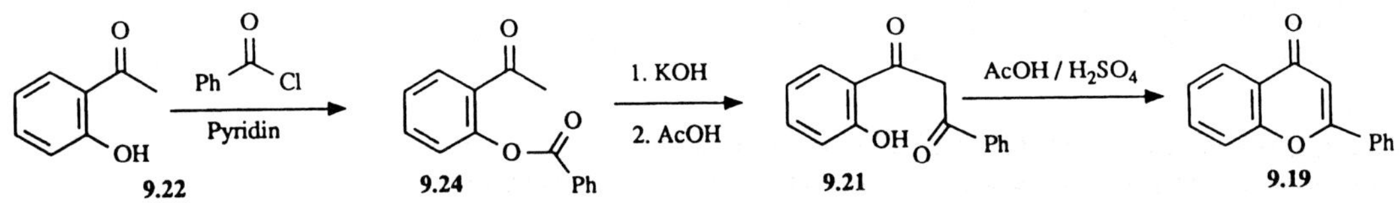

9.5 Reaktionen mit Nucleophilen

Obwohl es für die elektrophile Substitution einige Beispiele gibt, sind nucleophile Ringöffnungen, an die sich in manchen Fällen Ringschlußreaktionen zu neuen Heterocyclen anschließen, die vorherrschende Reaktion in dieser Verbindungsklasse. Beispielsweise führt die Aminolyse von **9.1**, **9.2** und **9.3** zu Pyridin **5.1** und den Pyridonen **5.22** und **5.23**.

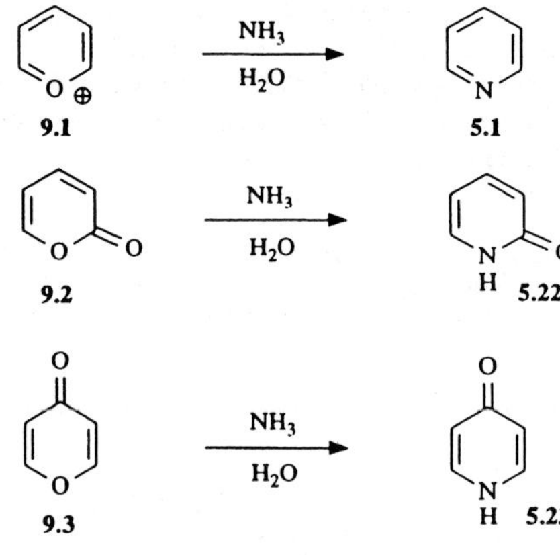

Der Mechanismus der Umwandlung von 4-Pyron in 4-Pyridon beginnt mit einer Michael-Reaktion, an die sich eine Ringöffnung anschließt. Durch Tautomerisierung des Enols **9.25** zum Aldehyd **9.26** und nachfolgende Cyclisierung entsteht 4-Pyridon **5.23**.

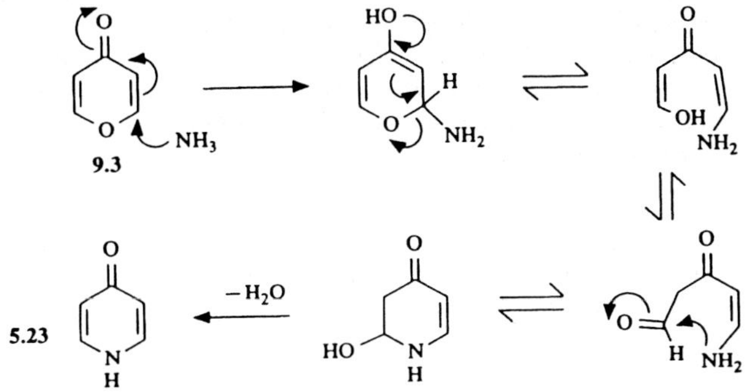

9.3 **9.25** **9.26** **5.23**

Die Reaktion von Pyryliumsalzen mit Nucleophilen könnte, wie bei der Bildung des Ketons **9.27**, über eine elektrocyclische Ringöffnung intermediär entstehender Diene verlaufen.

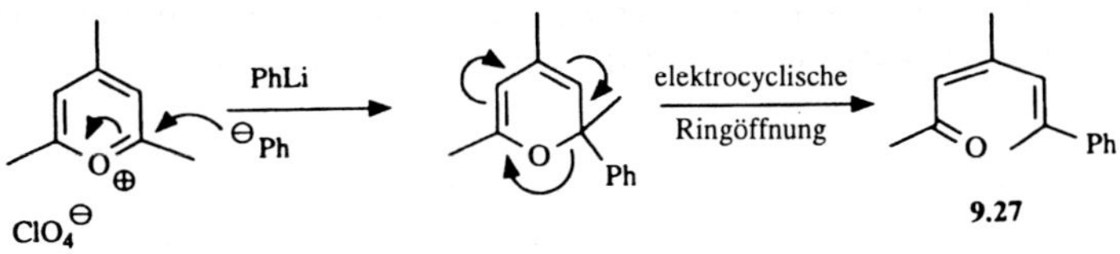

9.27

Die benzokondensierten Verbindungen dieser Reihe sind gegenüber einem nucleophilen Angriff ähnlich empfindlich. Cumarin **9.5** wird durch Hydroxid zum Carboxylatsalz **9.28** hydrolysiert. Dieser Vorgang ist reversibel, durch Ansäuern wird das Lacton zurückgebildet.

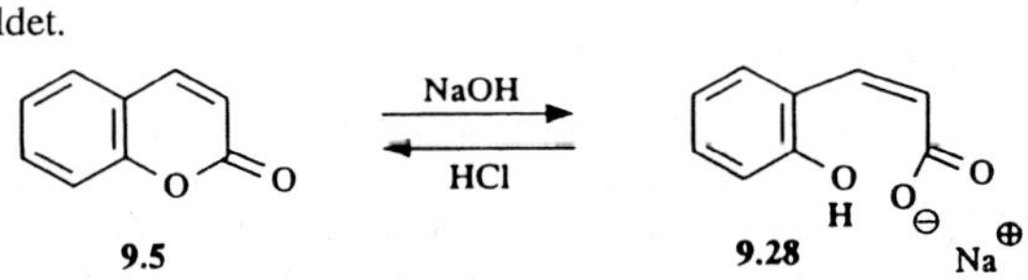

9.5 **9.28**

Ein wesentlicher Unterschied zwischen der monocyclischen und der benzokondensierten Reihe besteht darin, daß Umsetzungen mit Aminen nicht zu den entsprechenden benzokondensierten Heterocyclen führen. So ergibt die Aminolyse des Chromons **9.29** das Phenol **9.30**; Benzopyridon **9.32** entsteht nicht. Die zwischen **9.25** und **9.26** stattfindende glatte Tautomerisierung würde in dieser Reihe analog zum Keton **9.31** führen. Diese energiereiche Zwischenstufe ist nicht aromatisch, die Reaktion bleibt daher auf der Stufe des Phenols **9.30** stehen.

Phenole liegen weder in Form ihrer tautomeren Ketone vor, noch reagieren sie als solche.

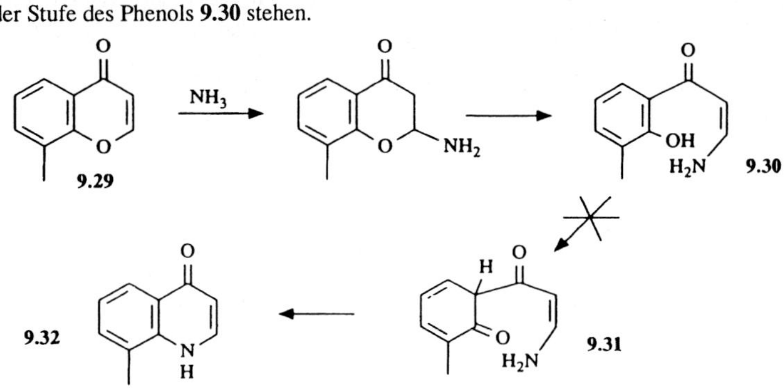

9.29 **9.30** **9.31** **9.32**

9.6 Übungen

1. Nach welchem Mechanismus erfolgt die Aminolyse des Pyrons **9.2** zum Pyridon **5.22**?

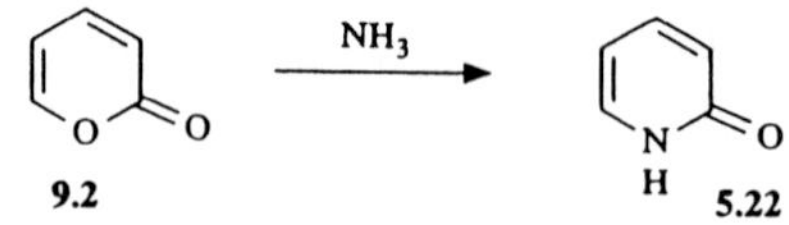

9.2 **5.22**

2. Erklären Sie die Bildung des Pyrazols **9.33**.

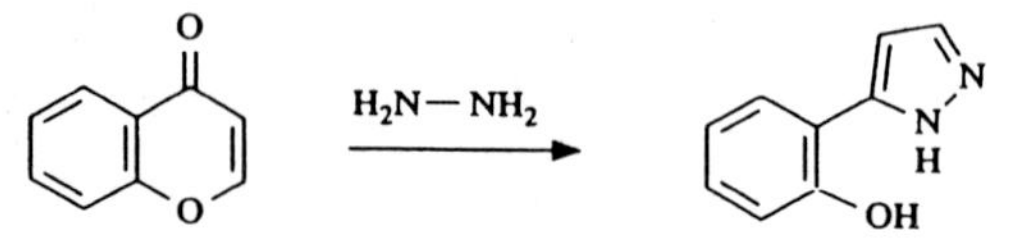

9.6 **9.33**

3. Wie läßt sich das Chromon **9.34** in **9.35** überführen?

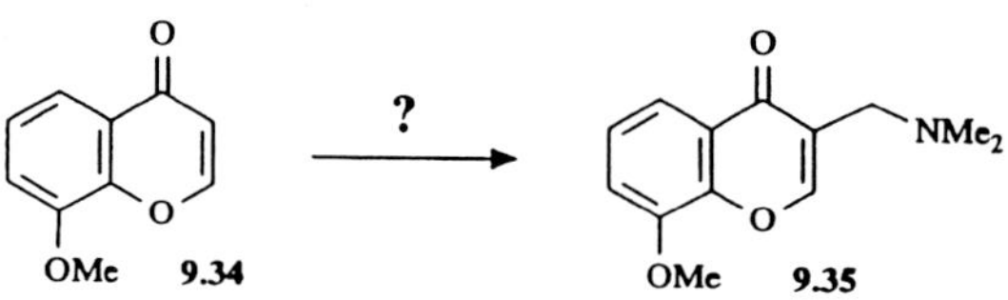

9.34 **9.35**

4. Nach welchem Mechanismus verläuft diese Cyclisierung?

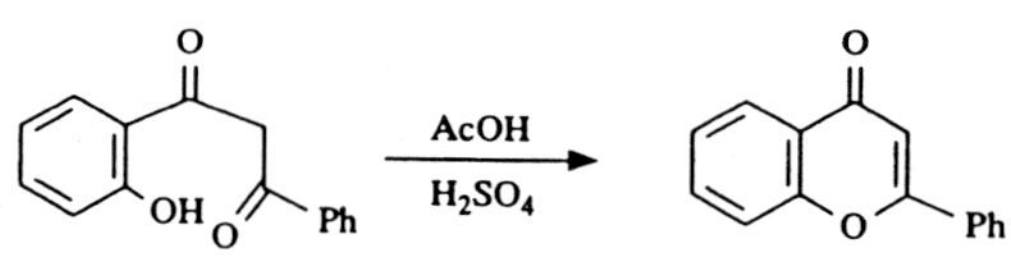

9.21 **9.19**

9.7 Literatur

Horing, E.C. *et al.* (1955). *Organic synthesis*, Coll. Vol. III, 165 (Arbeitsvorschrift zur Herstellung eines Cumarinesters durch Knoevenagel-Kondensation).

Livingstone, R. (1977). In Rodd's *Chemistry of carbon compounds*, Vol. IV, S. 2 (Pyryliumsalze; 2- und 4-Pyrone); S. 69 (Benzopyriliumsalze); S. 96 (Cumarine); S. 138 (Chromone). Elsevier, Amsterdam.

Staunton, J. (1979). In *Heterocyclic chemistry* (Hrsg. P.G. Sammes) (*Comprehensive organic chemistry* Vol. 4, Hrsg. D. Barton und W.D. Ollis), S. 607 (Pyryliumsalze); S. 629 (2-Pyrone und Cumarine); S. 659 (4-Pyrone und Chromone). Pergamon Press, Oxford.

Wheeler, T.S. (1963). *Organic synthesis*, Coll. Vol. IV, 479 (Arbeitsvorschrift zur Herstellung von Flavon).

10 Pyrimidine

10.1 Einführung

Der formale Austausch einer CH-Einheit in Pyridin **5.1** durch ein Stickstoffatom führt zu den drei möglichen Diazinen Pyridazin **10.1**, Pyrimidin **10.2** und Pyrazin **10.3**. Sie sind ebenso wie Pyridin völlig aromatische Heterocyclen. Durch das zusätzliche Stickstoffatom treten wesentliche Merkmale der Pyridinchemie stärker hervor. Die elektrophile Substitution einfacher nichtaktivierter Diazine ist wegen der umfassenden Protonierung unter stark sauren Bedingungen und der an sich schon fehlenden Reaktivität der freien Base schwierig. Nucleophile Austauschreaktionen lassen sich vergleichsweise leicht durchführen.

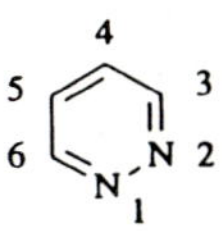

10.1

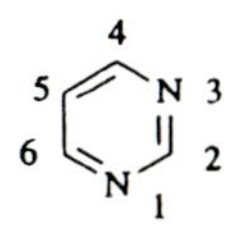

10.2

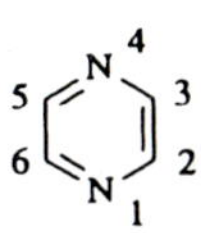

10.3

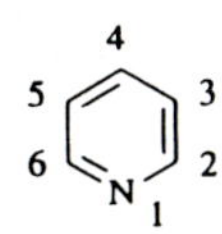

5.1

Interessanterweise vermindert das zweite elektronegative Heteroatom die Fähigkeit der Diazine, die durch die Protonierung entstehende positive Ladung zu tolerieren. Pyridazin **10.1** (pK_a=2.24), Pyrimidin **10.2** (pK_a=1.23) und Pyrazin **10.3** (pK_a=0.51) sind weit weniger basisch als Pyridin (pK_a=5.23).

Das wichtigste Diazin ist Pyrimidin **10.2**. Seine Derivate Uracil **10.4**, Thymidin **10.5** und Cytosin **10.6** sind die monocyclischen „Basen" der Nucleinsäuren. Die bicyclischen Basen sind die Purine Adenin **10.7** und Guanin **10.8.** Der Purinring stellt im wesentlichen eine Verschmelzung des Pyrimidin- mit dem Imidazolring dar.

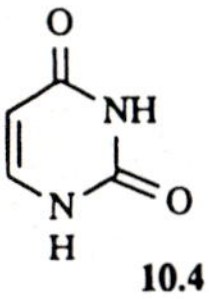

10.4

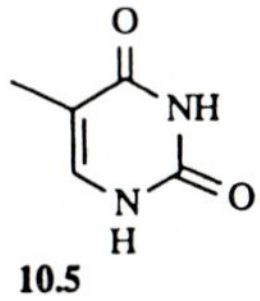

10.5

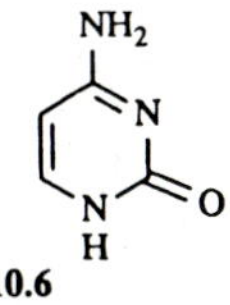

10.6

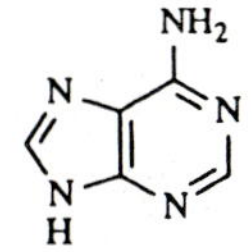

10.7

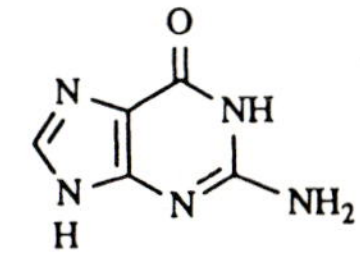

10.8

Die tatsächliche Biosynthese der Purine (nachfolgend in abgekürzter Form für das Nucleotid Adenosinmonophosphat, AMP, **10.9** dargestellt) verläuft über den Aufbau des Pyrimidinrings an einem vorgeformten Imidazol.

Nucleotide sind die monomeren Bausteine von Desoxyribonucleinsäure (DNA), in der die genetische Information der Zelle gespeichert ist.

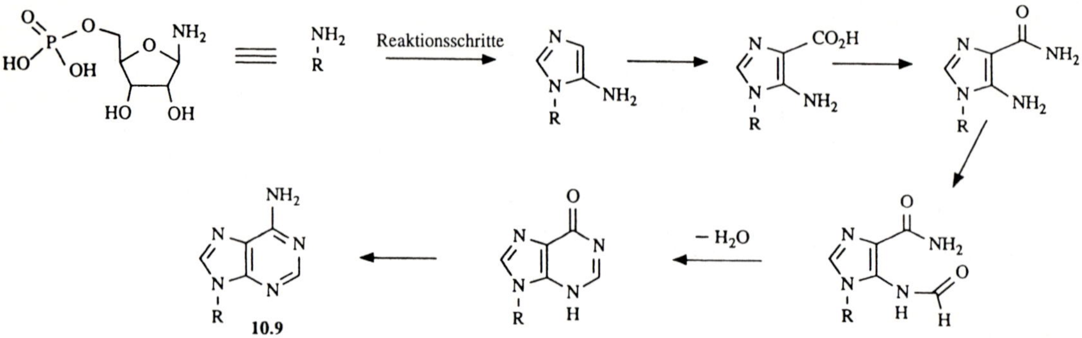

10.9

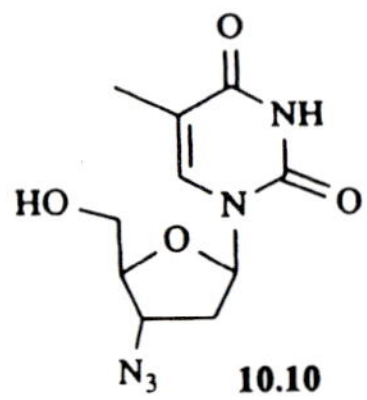

10.10

Enzyme, die auf Nucleotide, Nucleinsäuren usw. einwirken, sind therapeutische Angriffspunkte bei vielen Erkrankungen, die mit Störungen der Zellreproduktion einhergehen wie Krebs und virale Infektionen. Beispielsweise wird AZT **10.10**, ein Inhibitor des Enzyms reverse Transkriptase, derzeit als antivirales Medikament bei der Behandlung von AIDS eingesetzt.

Wir kommen nun zur Synthese und Chemie des Pyrimidin-Ringsystems.

10.2 Synthese von Pyrimidinen

Aufbrechen der N1–C6-Bindung im allgemeinen Pyrimidin **10.11** auf dem üblichen Weg ergibt das Enol **10.12**, das als Keton **10.13** existiert. Auf ähnliche Weise entstehen durch Spaltung der Kohlenstoff-Stickstoff-Doppelbindung in **10.13** eine Dicarbonylverbindung **10.14** und ein Amidin **10.15**. Auf dieser retrosynthetischen Analyse, aus der die Verbindung von bis-elektrophilen mit bis-nucleophilen Komponenten hervorgeht, beruht eine sehr allgemeine Pyrimidinsynthese.

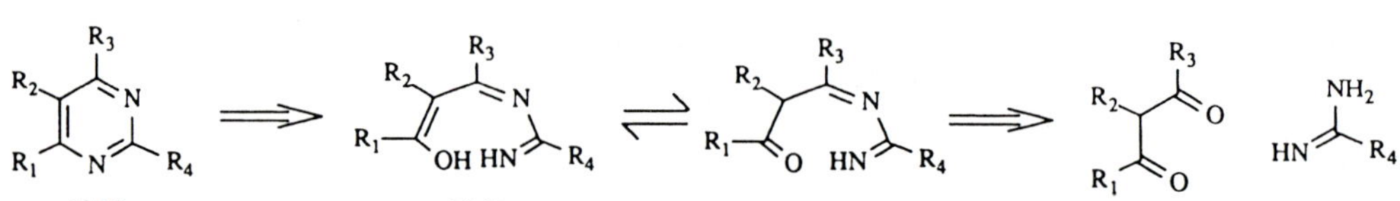

10.11 **10.12** **10.13** **10.14** **10.15**

Ist R_4 ein Wasserstoffatom oder ein Kohlenstoffrest, handelt es sich bei **10.15** einfach um ein Amidin. Es können aber auch Harnstoff **10.16**, Thioharnstoff **10.17** oder Guanidin **10.18** sowie deren Derivate eingesetzt werden. Diese Nucleophile lassen sich mit Ester- und Nitrilfunktionen wie auch mit Aldehyden und Ketonen kondensieren. Kondensationen zu Pyrimidinderivaten werden für gewöhnlich durch Säure- oder Basenkatalyse erleichtert, obwohl bestimmte Kombinationen reaktiver elektrophiler und nucleophiler Verbindungen überhaupt keinen Katalysator erfordern. Nachfolgend sind einige Beispiele dargestellt.

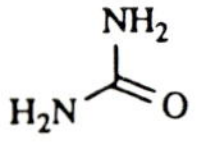

10.16

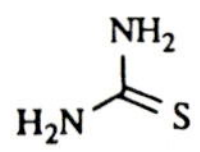

10.17

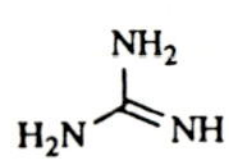

10.18

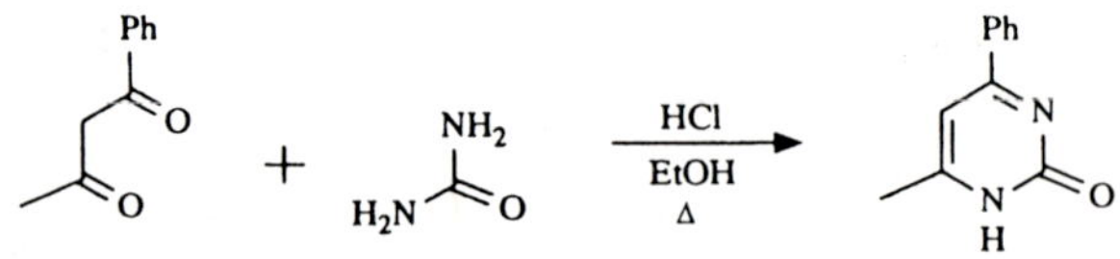

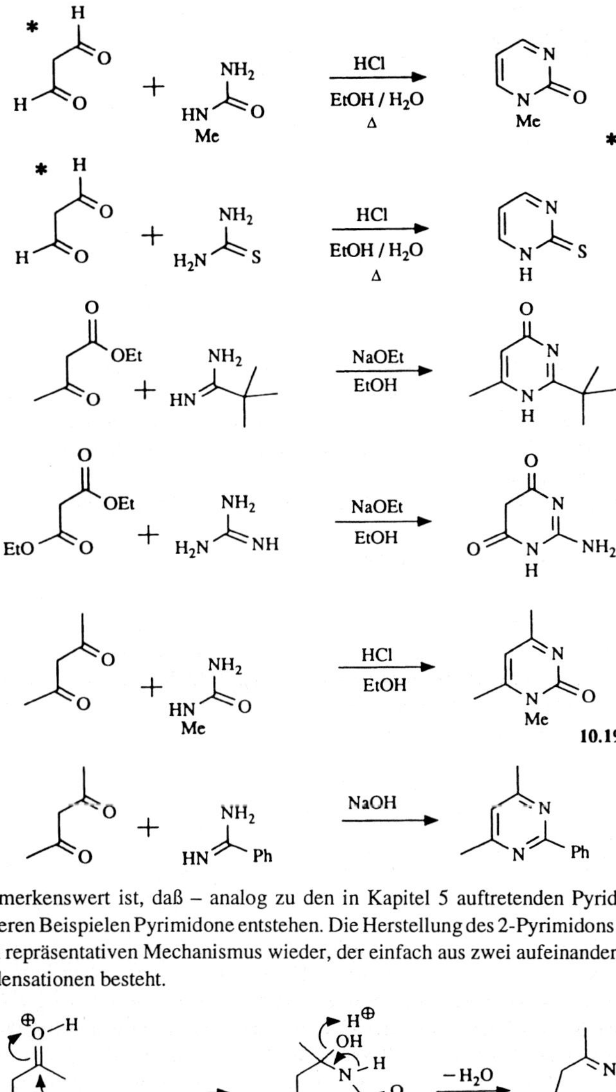

* Hergestellt durch in situ-Hydrolyse von

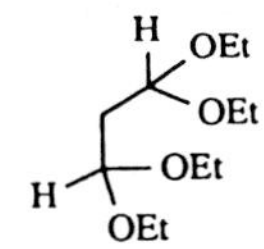

Bemerkenswert ist, daß – analog zu den in Kapitel 5 auftretenden Pyridonen – in mehreren Beispielen Pyrimidone entstehen. Die Herstellung des 2-Pyrimidons **10.19** gibt einen repräsentativen Mechanismus wieder, der einfach aus zwei aufeinanderfolgenden Kondensationen besteht.

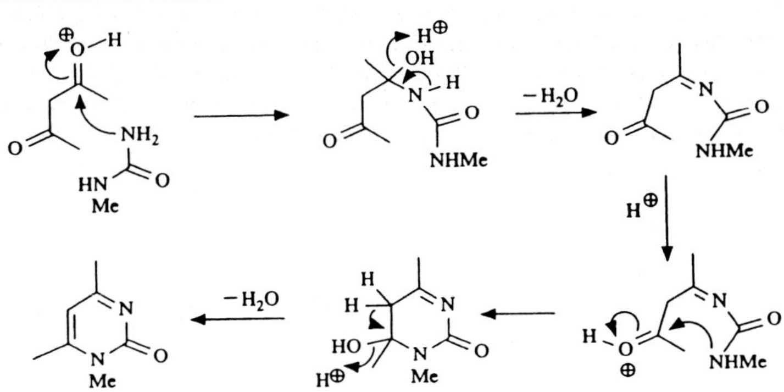

10.19

10.3 Elektrophile Substitution von Pyrimidonen

Wie bereits erwähnt, ist die elektrophile Substitution nichtaktivierter Pyrimidine nur von geringer Bedeutung. Durch die Verwendung von N-Oxiden oder Pyrimidonen läßt sich der Pyrimidinkern aber aus den gleichen Gründen, die in Kapitel 5 für Pyridin erörtert wurden, für einen elektrophilen Angriff aktivieren.
Beispielsweise führt die Nitrierung von 2-Pyrimidon **10.20** zum Nitropyrimidon **10.21**. Mit doppelt aktivierten Verbindungen wie **10.22** findet die Nitrierung zu **10.23** ohne Erwärmen statt.

10.20 **10.21** **10.22** **10.23**

10.4 Nucleophile Substitution von Pyrimidinen

Abgangsgruppen an den C2-, C4- und C6-Positionen von Pyrimidinen lassen sich durch Nucleophile austauschen, wobei die negative Ladung der Zwischenstufe über beide Stickstoffatome delokalisiert ist.

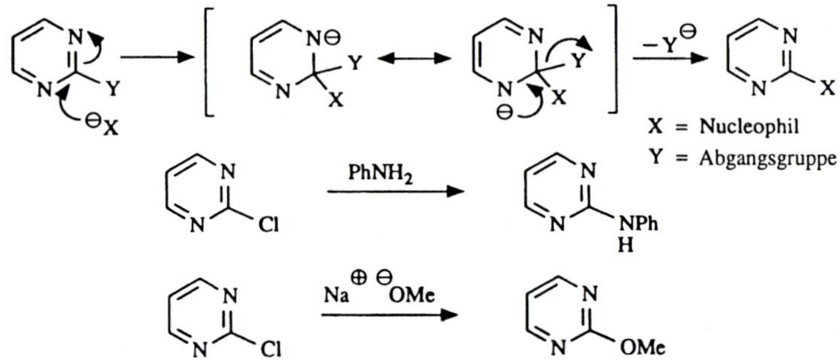

Die chlorierten Pyrimidine sind häufig aus den entsprechenden Pyrimidonen durch Umsetzung mit Phosphoroxychlorid zugänglich. (Vgl. auch hier Kapitel 5 für eine Erläuterung dieser Reaktionsart). So läßt sich das Aminopyrimidin **10.24** durch die abgebildete klassische Reaktionssequenz synthetisieren.

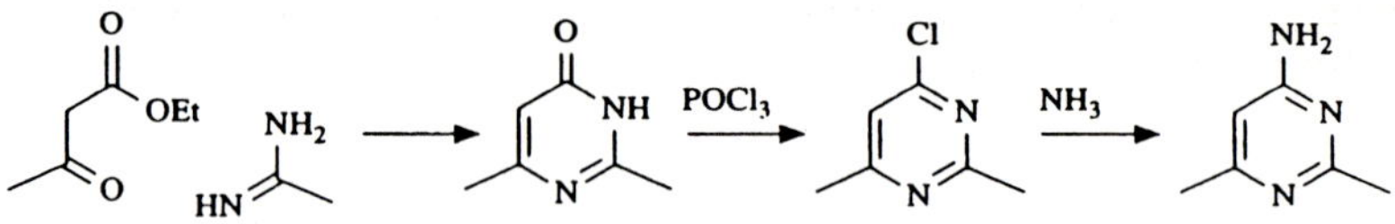

10.24

10.5 Übungen

1. Zeichnen Sie für diese Nitrierung einen Mechanismus, der aber von einer anderen mesomeren Form für **10.20** ausgeht und mit der die größere Empfindlichkeit solcher Pyrimidone für einen elektrophilen Angriff erklärt werden kann.

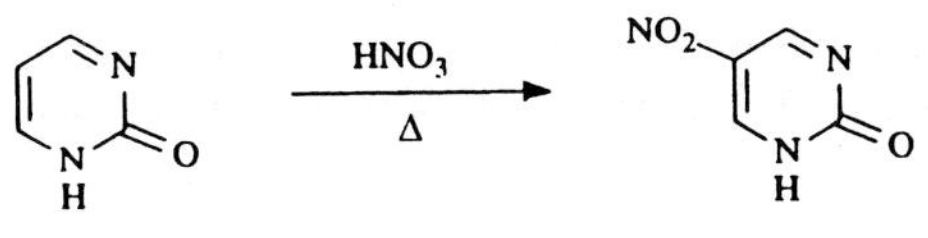

10.20 **10.21**

2. Barbiturate (Pyrimidintrione wie **10.25**) fanden als Sedativa breite Anwendung, sind aber heute großenteils durch Medikamente mit geringeren Nebenwirkungen ersetzt worden. Schlagen Sie eine Synthese für **10.25** vor.

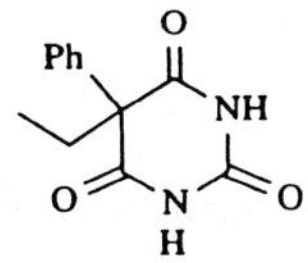

10.25

3. Es gibt mehrere Herstellungsmethoden für Cytosin **10.6**, von denen eine die Kondensation des Nitrils **10.26** mit Harnstoff **10.16** ist. Schlagen Sie einen Mechanismus für diese Reaktion vor.

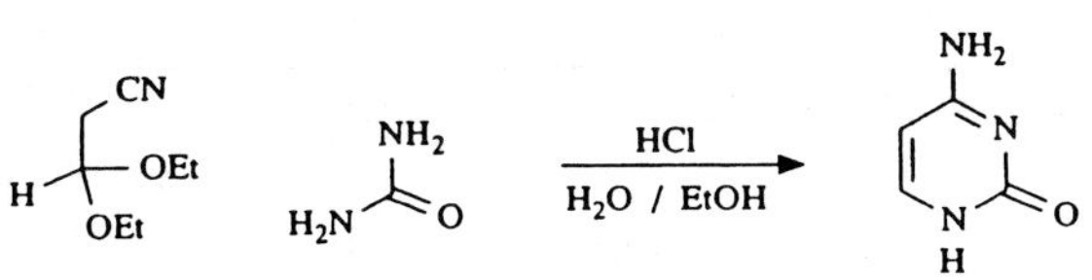

10.26 **10.16** **10.6**

10.6 Literatur

Brown, D.J. (1962). In *The pyrimidines* (*The chemistry of heterocyclic compounds* [Hrsg. A. Weissburger und E.C. Taylor], Vol. 16). Wiley Interscience, New York.

Brown, D.J. (1970). In *The pyrimidines* (*The chemistry of heterocyclic compounds* [Hrsg. A. Weissburger und E.C. Taylor], Vol. 16, Ergänzungsbände 1 und 2). Wiley Interscience, New York.

Furniss, B.S., Hannaford, A.J., Smith, P.W.G. und Tatchell, A.R. (1989). *Vogel's textbook of practical organic chemistry* (5. Aufl.), S. 1177 (Herstellung des Barbiturats **10.25**). Longman, Harlow.

Hurst., D.T. (1980). *An introduction to the chemistry and biochemistry of pyrimidines, purines, and pteridines.* Wiley, New York.

11 Lösung der Aufgaben

11.1 Lösungen zu den Aufgaben in Kapitel 2

Zu beachten ist, daß die Reaktion über einen Angriff der Aminogruppe auf das am wenigsten gehinderte Keton verläuft.

1. Die Umsetzung des Diketons **2.46** mit dem Aminoketon **2.47** ergibt das Enamin **2.48**, das nicht isoliert wird, sondern direkt zum Pyrrol **2.43** cyclisiert.

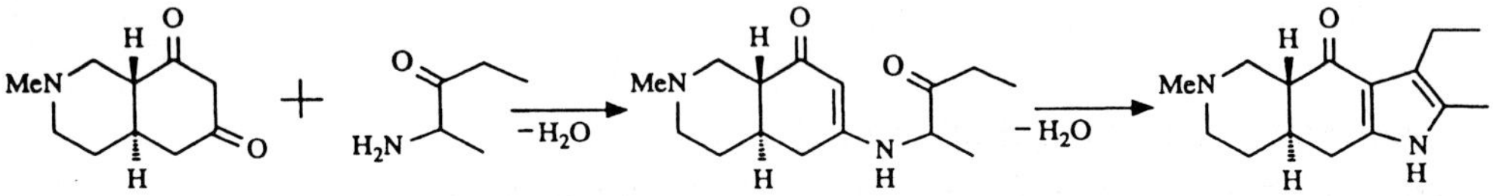

2.46 **2.47** **2.48** **2.43**

2. Das freie Elektronenpaar in **2.44** ist wie abgebildet, auf die Carbonylgruppe delokalisiert, wodurch die Elektronendichte am Aldehydkohlenstoffatom zunimmt. Dieser ist daher gegenüber einem nucleophilen Angriff weniger reaktiv.

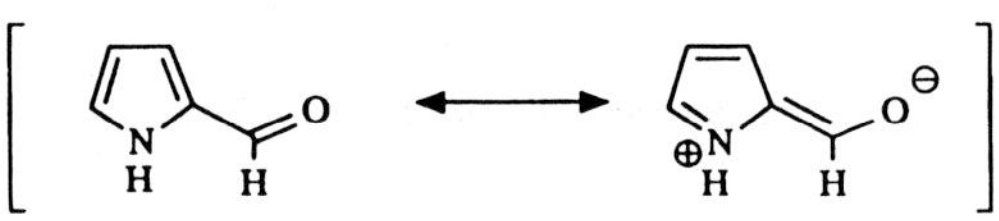

2.44

Unter sauren Bedingungen entsteht aus dem Alkohol **2.45** leicht das Kation **2.49a,b**, das durch eine ähnliche Delokalisation des freien Elektronenpaars vom Stickstoffatom stabilisiert ist.

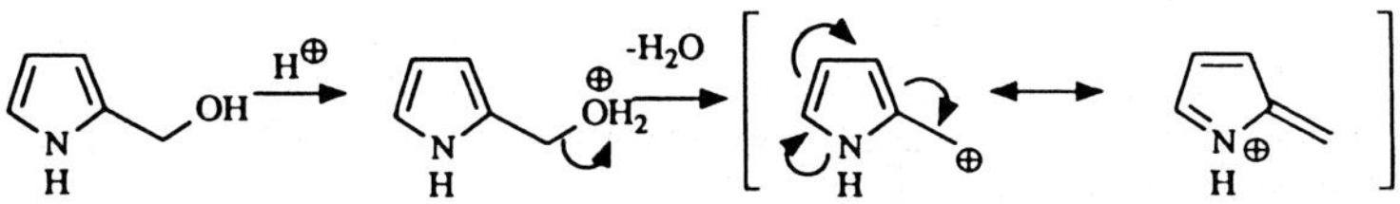

2.45 **2.49a** **2.49b**

Diese hochelektrophile Species reagiert anschließend mit dem Alkohol **2.45** zum Dimer **2.50**. Die Wiederholung dieses Prozesses führt zu polymerem Material.

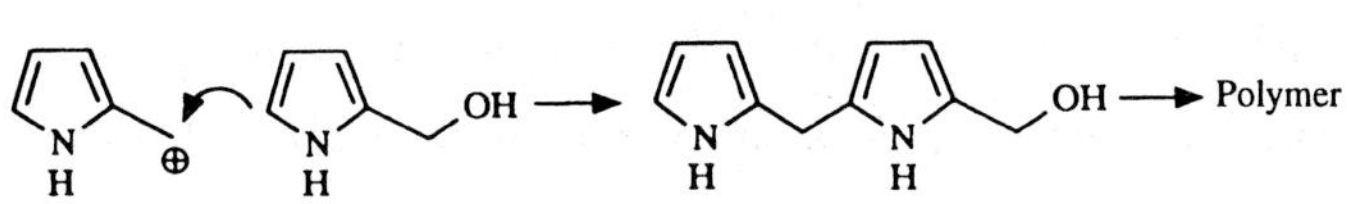

2.45 **2.50**

3. Wie in Kapitel 2 besprochen wurde, entsteht durch Abfangen des Kations **2.31** mit einem nucleophilen Gegenion wie dem Acetation das 2,5-Additionsprodukt **2.32**. Das Tetrafluorborat-Gegenion ist nicht nucleophil, daher besteht der einzig mögliche Reaktionsweg für **2.31** darin, direkt ein Proton zum Nitrofuran **2.33** abzuspalten.

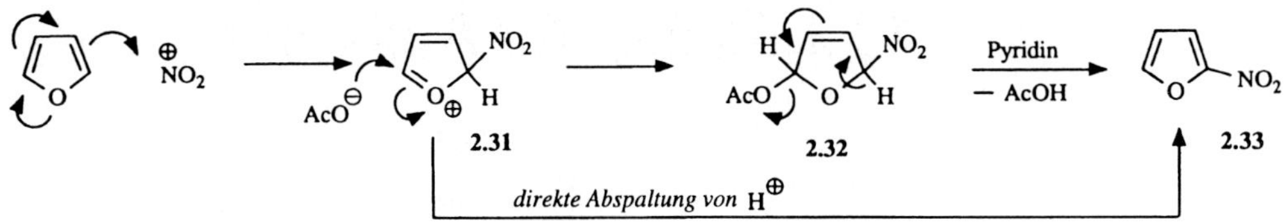

4. Der Mechanismus ist eine direkte Friedel-Crafts-Acylierung.

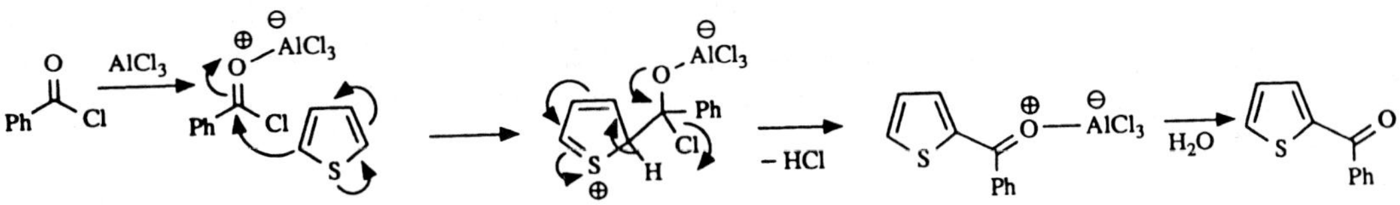

11.2 Lösungen zu den Aufgaben in Kapitel 3

1. Die Anwendung der allgemeinen Oxazol-Retrosynthese führt zu einem einfachen Glycinderivat.

3.33 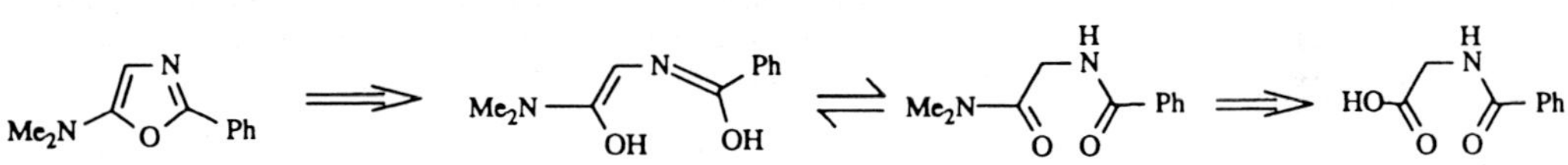

Die umgekehrte Synthese verläuft wie abgebildet:

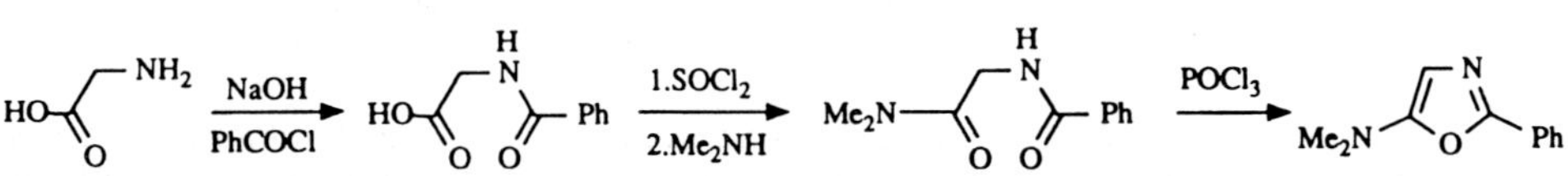

3.33

2. Der Mechanismus dieser Oxazolbildung ist mit dem der Hantzsch-Synthese von Thiazolen identisch. Da aber die Carbonylgruppe eine geringere Nucleophilie als die Thiocarbonylgruppe hat (aufgrund der höheren Elektronegativität von Sauerstoff), verläuft diese Synthese nur unter verschärften Reaktionsbedingungen (hohe Temperaturen, Amidkomponente als Lösungsmittel usw.).

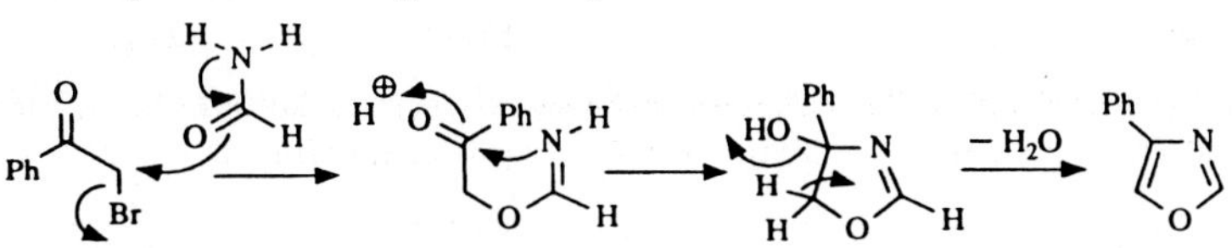

3.44

Die andere Reaktionssequenz würde zum Positionsisomer des Oxazols **3.44** führen.

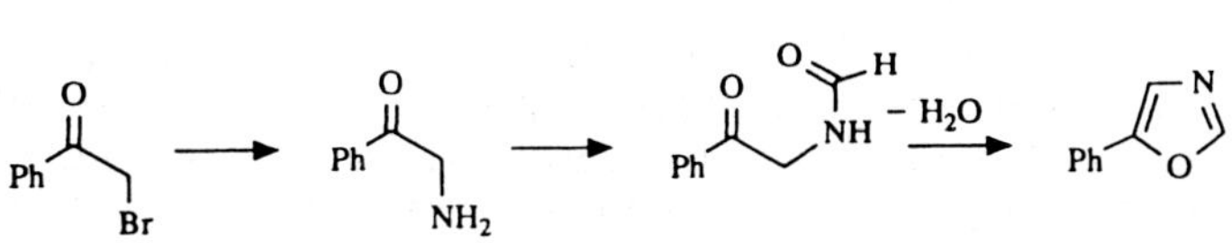

3. Die Bromierung von **3.45** ergibt ein Bromketon, das mit Thioharnstoff zum Aminothiazolester **3.47** kondensiert wird. Dieser wird anschließend zur Säure **3.46** hydrolysiert.

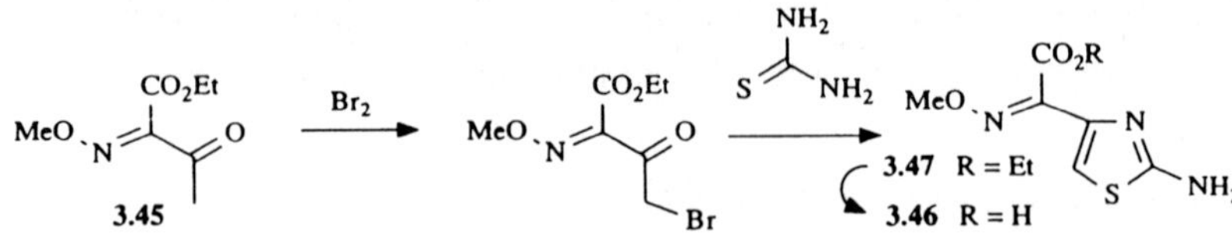

Das Keton **3.45** selbst wird einfach durch Nitrosierung von Acetessigsäureethylester und anschließende O-Methylierung hergestellt.

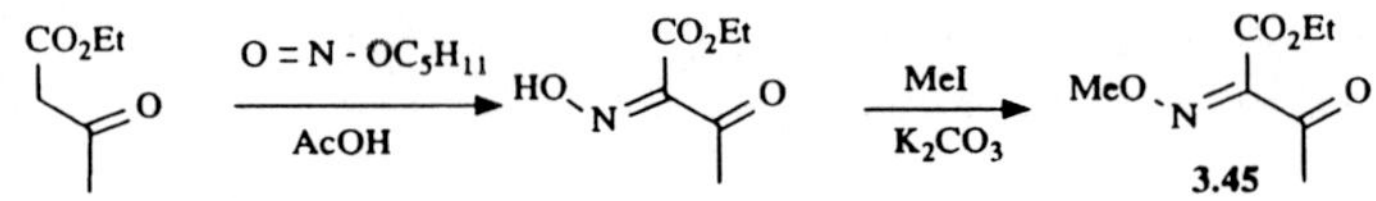

11.3 Lösungen zu den Aufgaben in Kapitel 4

1. Die Umsetzung ist eine Michael-Addition mit anschließender Eliminierung eines Cyanidions.

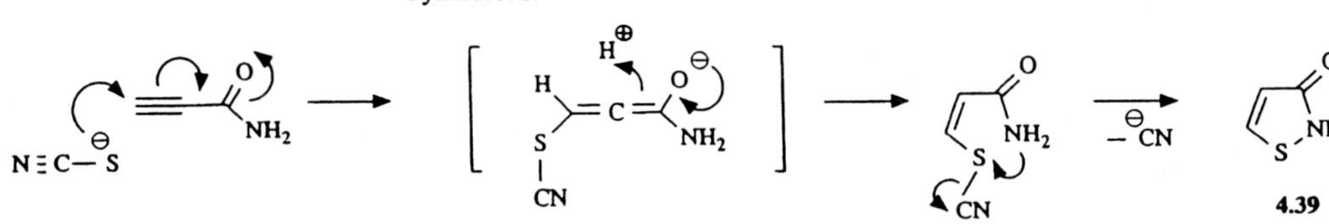

2. Die Gesamtstrategie besteht in einer Blockierung des Stickstoffs im Pyrazol (als Acetal), einer Deprotonierung, Einführung der Seitenkette in Form eines Elektrophils und anschließender Deblockierung.

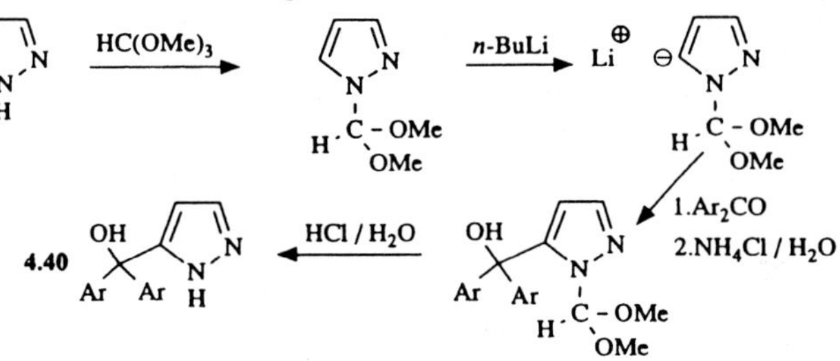

3. Die Oxidation des Oxims **4.41** ergibt das Nitriloxid **4.46**, das zum Isoxazol **4.47** cyclisiert.

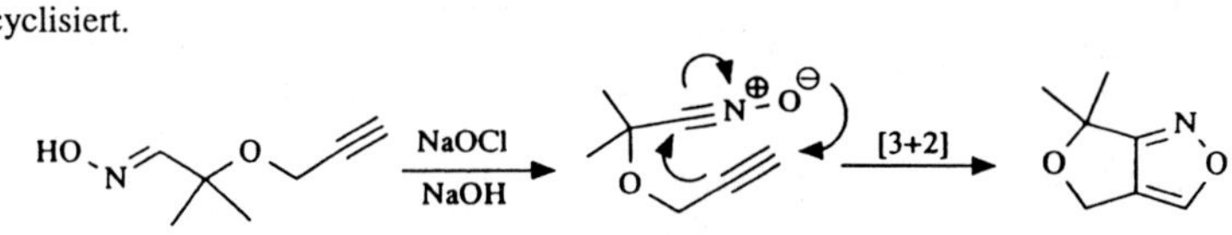

4.41 **4.46** **4.47**

4. Die Reaktion mit Hydroxylamin findet an der Aldehydgruppe des reaktiveren Nebentautomeren **4.43** statt und führt zum Isoxazol **4.44**. Durch Methoxid wird, wie im Reaktionsschema gezeigt, die Fragmentierung zum Enolat **4.48** eingeleitet, das bei der Aufarbeitung durch ein Proton zu 2-Cyanocyclohexanon **4.45** abgefangen wird.

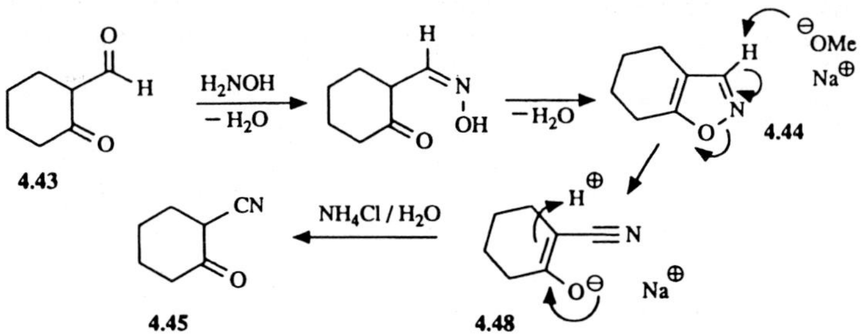

11.4 Lösungen zu den Aufgaben in Kapitel 5

1. Die Umsetzung verläuft im wesentlichen analog einer Michael-Reaktion.

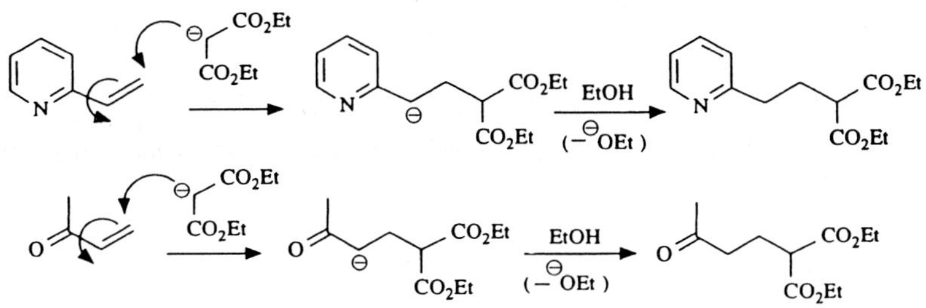

2. Folgender Mechanismus ist vorstellbar:

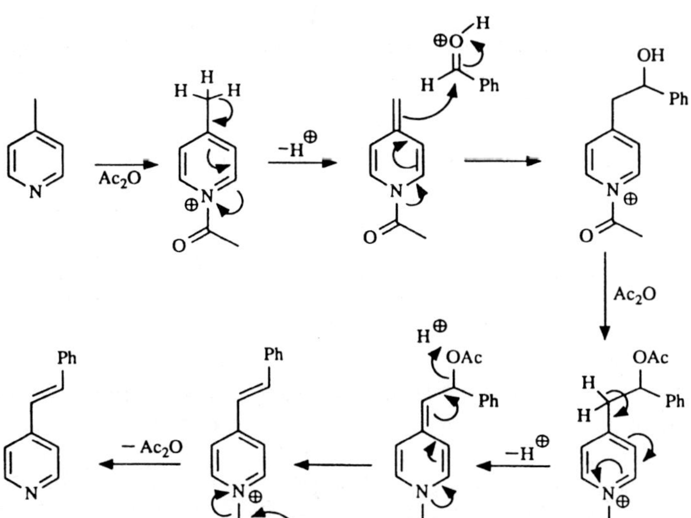

3. Das Pyridylamid **5.39** wird in C3-Stellung glatt metalliert. Durch Umsetzung mit dem Aldehyd und Cyclisierung des so erhaltenen Alkohols **5.42** an die Amidgruppe entsteht das Lacton **5.40.**

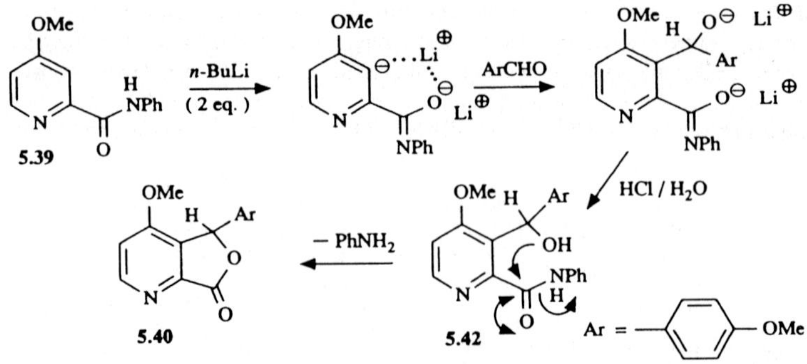

5.39 5.40 5.42

4. Die Reaktion verläuft wahrscheinlich über die Bildung eines Enaminoesters und eine anschließende Cyclisierung.

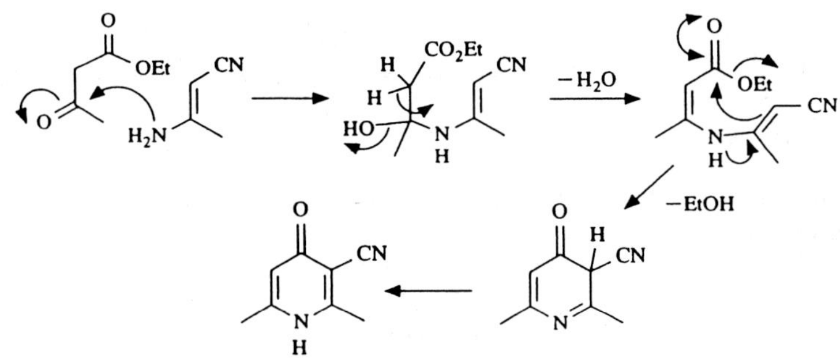

Tatsächlich tritt die nucleophile Substitution von Pyridin-N-oxiden leichter ein als von einfachen Pyridinen, da das Stickstoffatom positiv geladen ist.

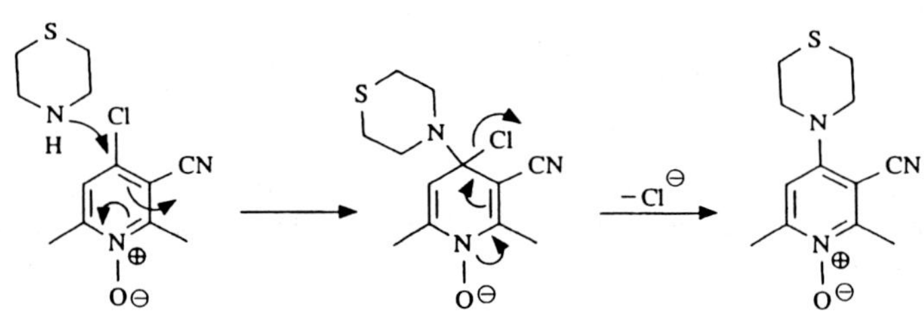

5.41

11.5 Lösungen zu den Aufgaben in Kapitel 6

1. Die Chinolonsynthese umfaßt eine Additions-/ Eliminierungsreaktion mit anschließender intramolekularer aromatischer Acylierung.

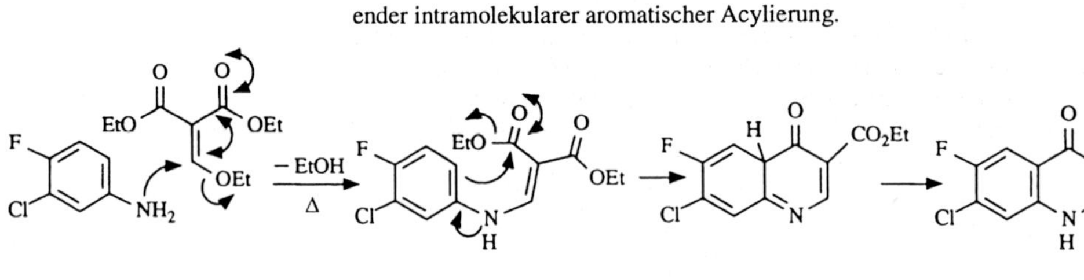

6.32

Die Substitutionsreaktion erfolgt zunächst über einen nucleophilen Angriff am benzoiden Ring (wobei die negative Ladung , wie gezeigt, auf das Sauerstoffatom delokalisiert ist) und die anschließende Eliminierung von Chlorid. Für diese Austauschreaktion ist die Anwesenheit des Fluorsubstituenten erforderlich, da dieser durch seinen elektronenanziehenden, induktiven Effekt den Ring für einen nucleophilen Angriff aktiviert.

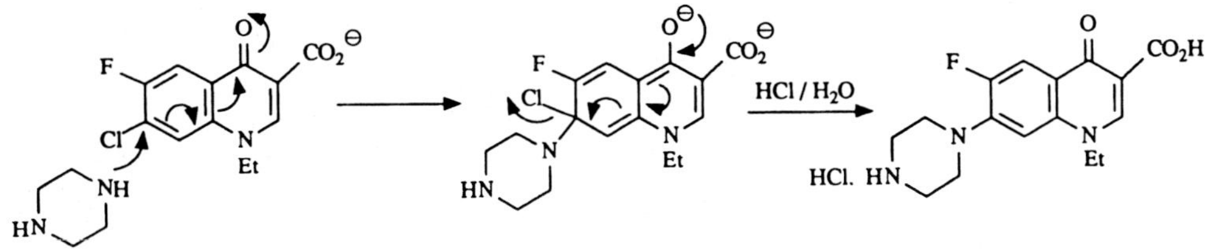

2. *Stufe 1.* Die Kondensation des Aldehyds mit Nitromethan unter basischen Bedingungen ergibt die α,β-ungesättigte Nitroverbindung.

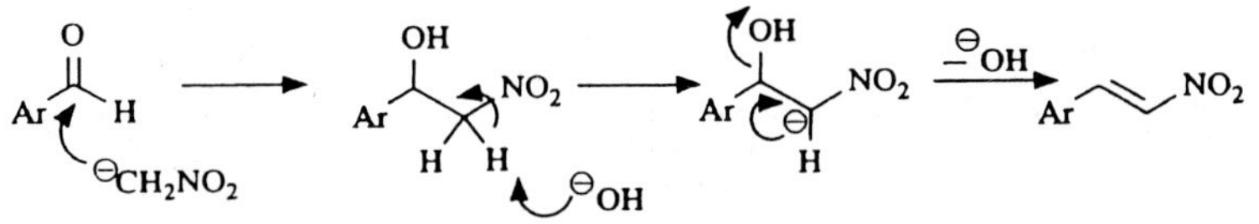

Stufe 2. Hier wurde Lithiumaluminiumhydrid verwendet, obwohl sich diese Reduktion auch durch eine Hydrierung erreichen läßt.

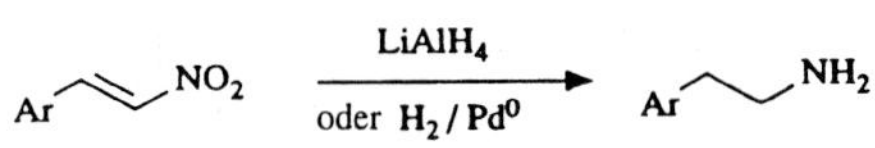

Stufe 3. Die Acylierung des Amins mit einem Säurechlorid in Gegenwart einer geeigneten Base führt zum Amid.

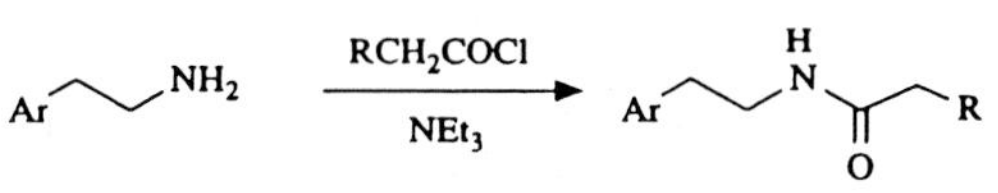

Stufe 4. Diese Isochinolinbildung ist natürlich ein Beispiel für die Bischler-Napieralski-Synthese, auch wenn in diesem Fall Phophortrichlorid und nicht Phosphoroxychlorid verwendet wurde.

Stufe 5. Für die Reduktion des Imins zum Amin wurde Natriumborhydrid eingesetzt.

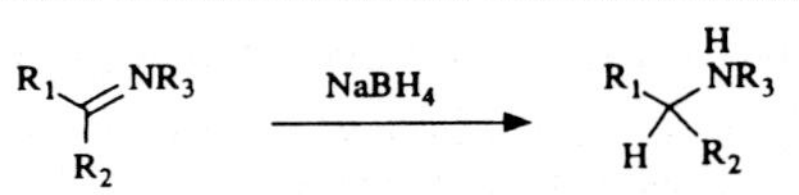

Stufe 6. Die Catechol- und Phenolether wurden durch Behandeln mit Bromwasserstoff entfernt. Benzylether werden häufig durch Reduktion (z.B. Hydrierung) gespalten, aber dadurch würde der Methylether natürlich nicht entfernt. Nachfolgend ist der Mechanismus der Deblockierung gezeigt.

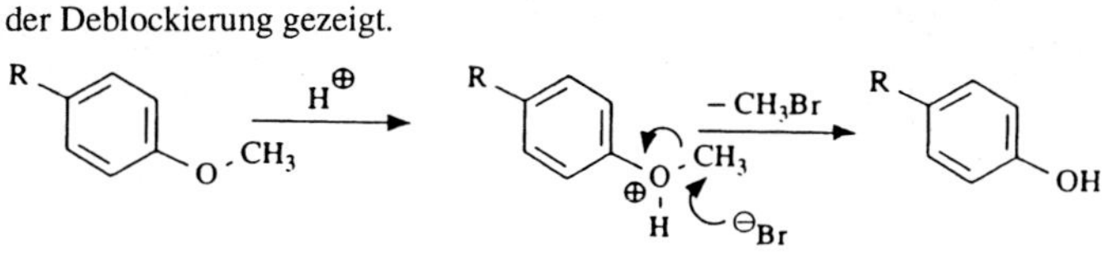

11.6 Lösungen zu den Aufgaben in Kapitel 7

1. Das Indol **7.38** wurde entsprechend dem Reaktionsschema durch Fischer-Indolsynthese und anschließende N-Alkylierung hergestellt.

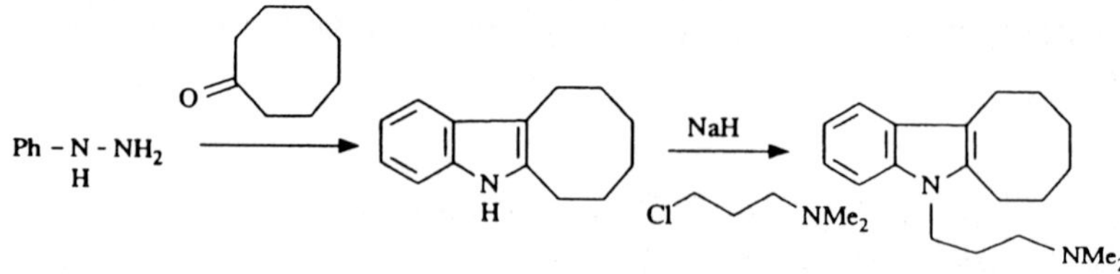

7.38

2. Der Nitroester (pK_a=6.79) protoniert die tertiäre Aminogruppe des Indols **7.39** und ermöglicht damit die Eliminierung von Dimethylamin zum Kation **7.46**. Aus diesem entsteht **7.40** durch Addition des konjugierten Nitroacetat-Anions.

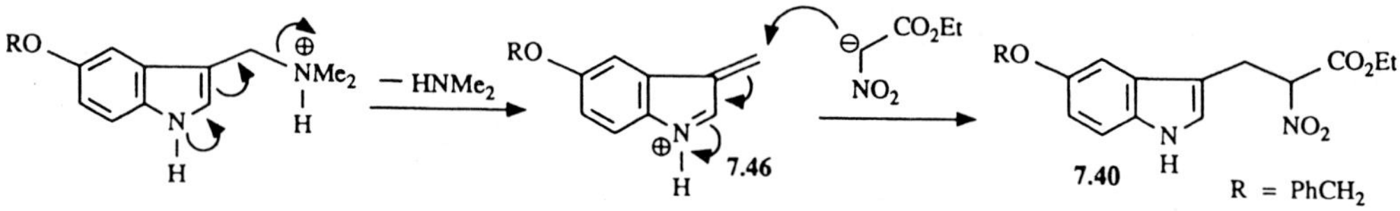

3. Das C2-Carbanion **7.47** greift wie vorgesehen das Nitril unter Bildung von **7.48** an, das mit der benachbarten Sulfonylgruppe unerwartet zum Indolyl-Anion **7.49** reagiert. Bei der sauren wäßrigen Aufarbeitung wird die reaktive N-Sulfonyliminggruppe dieses Anions sofort unter Bildung des Ketons **7.44** und des Sulfonamids **7.45** hydrolysiert.

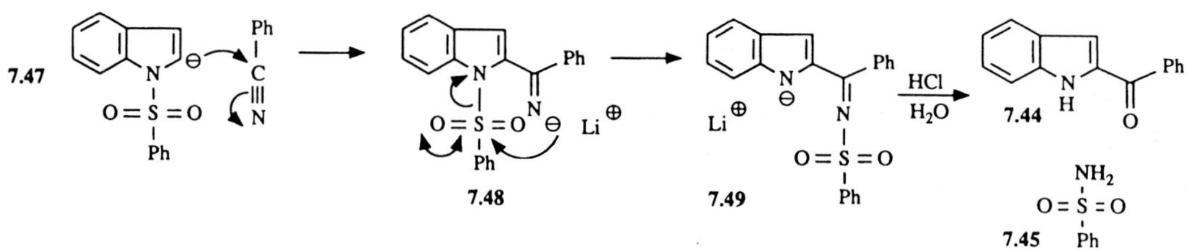

11.7 Lösungen zu den Aufgaben in Kapitel 8

1. Das Schwefelylid **8.36** ist die Schlüsselverbindung zur Bildung des Epoxids **8.34**. Das Epoxid **8.34** ist racemisch, der Alkohol **8.35** aber achiral.

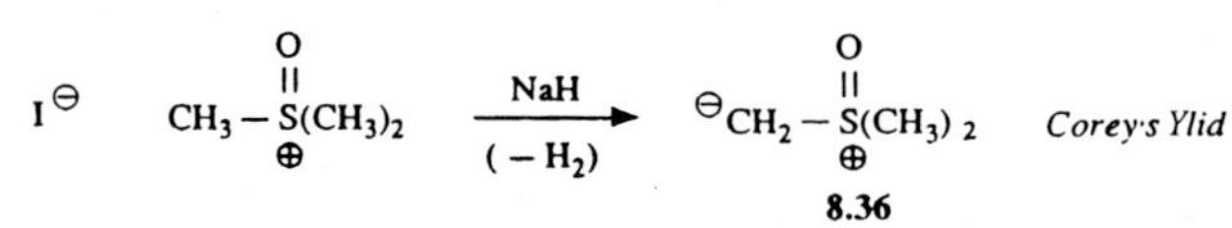

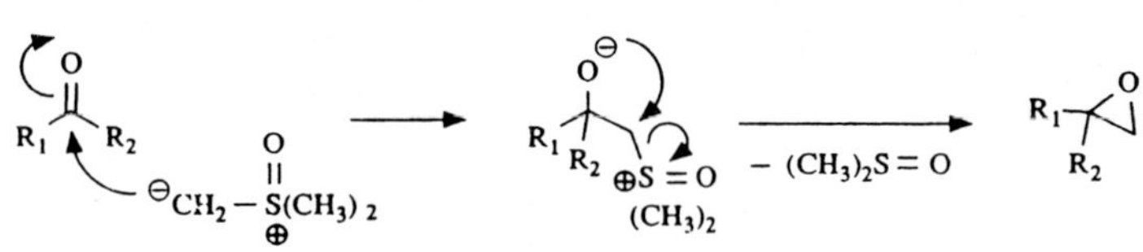

2. Diese Oxadiazolbildung verläuft über eine O-Acylierung des Amidoxims mit anschließender Kondensation.

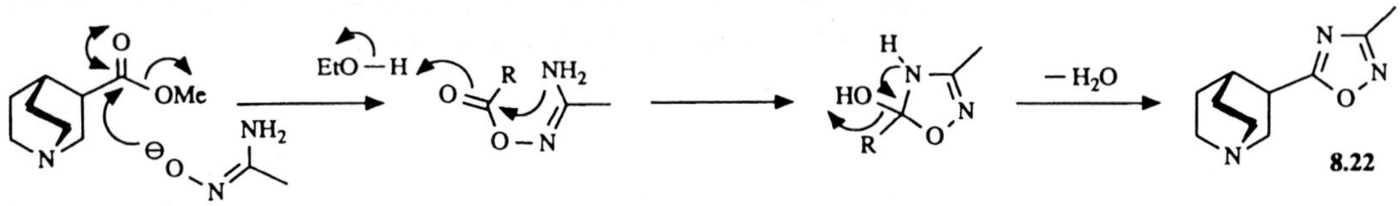

8.21 **8.22**

11.8 Lösungen zu den Aufgaben in Kapitel 9

1. Der Mechanismus gleicht dem für 4-Pyron.

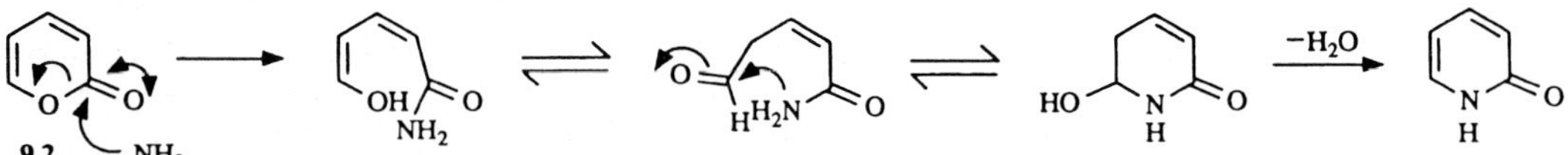

9.2 **5.22**

2. Der erste Schritt ist der gleiche wie bei der Herstellung von **9.30**, die anschließende Cyclisierung ergibt das Pyrazol.

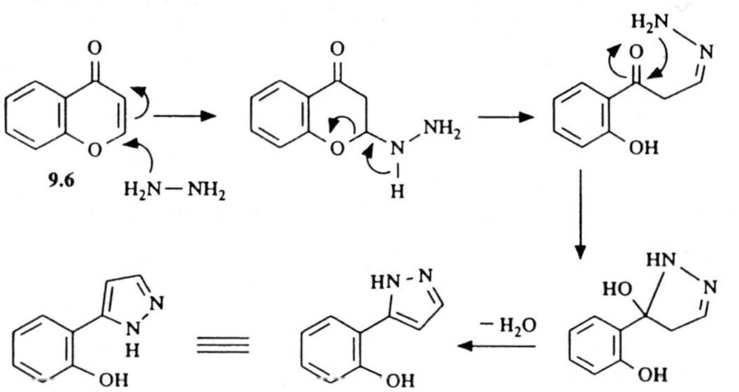

9.6 **9.33**

3. Hier liegt eine Mannich-Reaktion (siehe Kapitel 2) vor, ein ungewöhnliches Beispiel für die elektrophile Substitution eines Chromons.

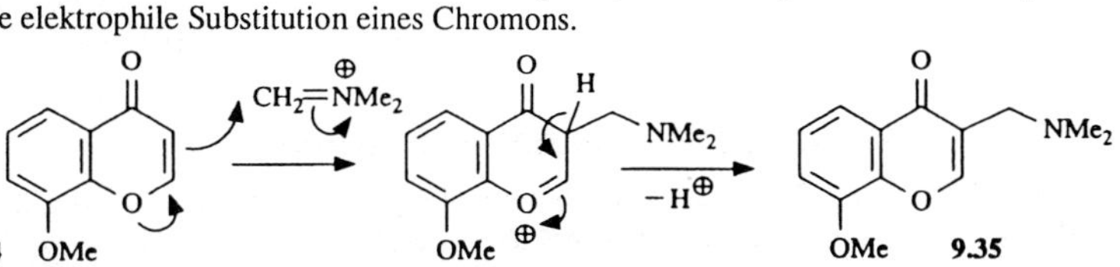

9.34 **9.35**

4. Diese Reaktion ist eine einfache säurekatalysierte Kondensation über das Carboniumion **9.36a,b**.

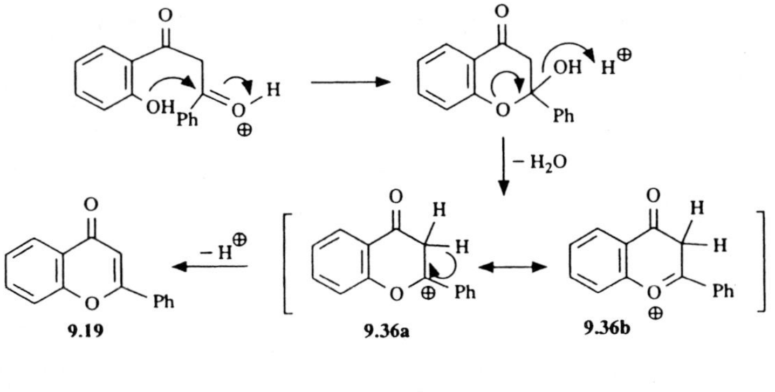

9.19 **9.36a** **9.36b**

11.9 Lösungen zu den Aufgaben in Kapitel 10

1. Zur Gesamtelektronenverteilung in 2-Pyrimidon leistet das Mesomer **10.20a** einen wesentlichen Beitrag.
Die Nitrierung verläuft nach folgendem Mechanismus:

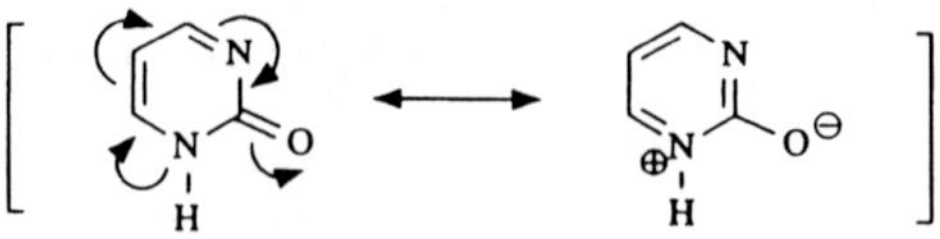

10.20 **10.20a**

2. Die Aufspaltung des Barbiturats **10.25** ergibt das Biselektrophil **10.27** und Harnstoff.

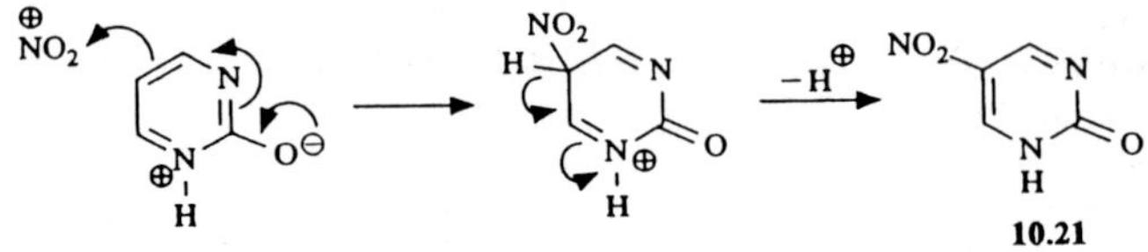

10.21

In der Praxis wird der Malonester **10.28** (X=OEt) eingesetzt.
3. Durch Hydrolyse des Acetals **10.26** entsteht *in situ* der reaktive Aldehyd **10.29**.

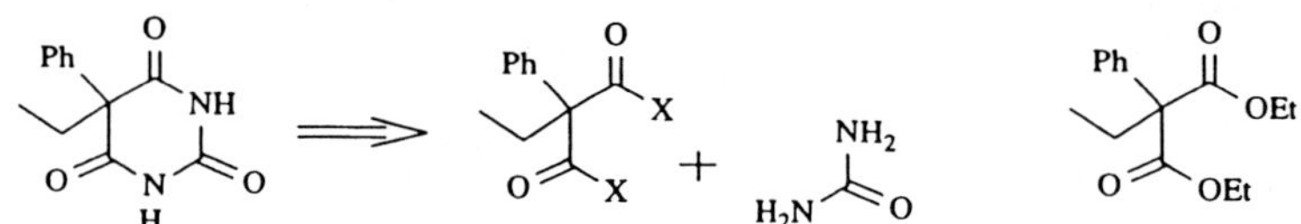

10.25 **10.27** **10.16** **10.28**

Die Kondensation des Aldehyds **10.29** mit Harnstoff und anschließende Cyclisierung an

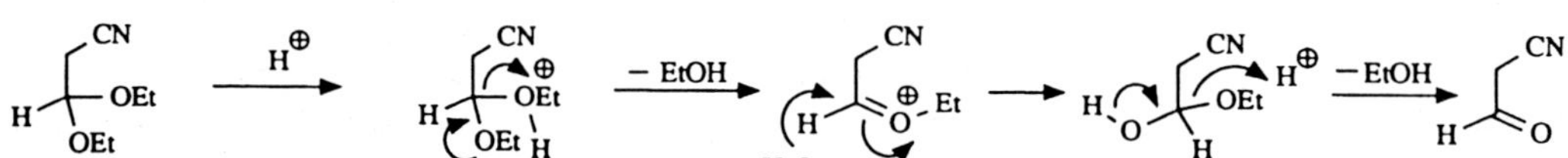

10.26 **10.29**

das Nitril führt zu Cytosin **10.6**. In diesem Fall ergibt die Cyclisierung an das Nitril direkt die Aminofunktion, während für die Synthese von **10.24**, bei der ein Ester cyclisiert wird, eine dreistufige Sequenz erforderlich ist.

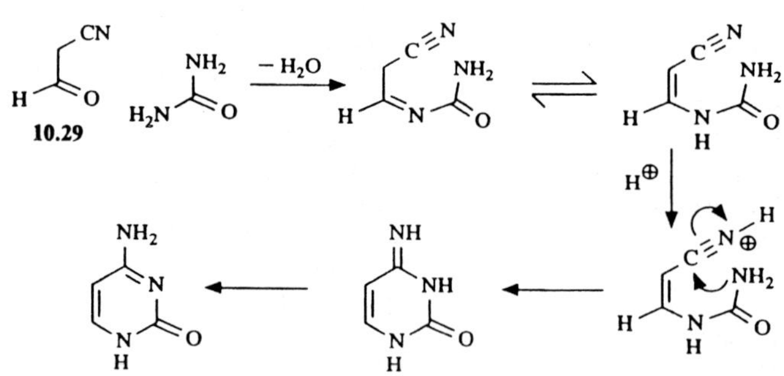

10.6

Register